◀創辦人郭麒麟董事長與夫人合影

用心求變・開創新局

▲2004年9月18日隆美企業總部成立

從小攤販到窗簾大王

◀▶
郭麒麟與子郭俊鵬
（現為隆美窗簾總經理）合影

◀
1970年郭麒麟當兵時期
（於台南秋茂園）

▶
1987年與妙心寺結緣接觸佛法
對人生與事業獲益良多

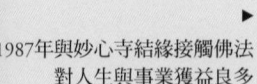

▼優雅恬靜的浪漫臥房

▲看閒適跳舞的綠光居家

►東方韻味典雅混搭

熱心公益，服務社會

1. & 2. 2007年擔任國際中小企業跨業交流協會理事長，
帶隊組團出席「台灣日本韓國國際異業種交流大會」。
3. 參與第11屆台灣省布商業同業公會聯合會
4. 2008年當選好人好事代表

圖片來源：由隆美窗簾提供

用心求變

從小攤販到百家直營連鎖店
隆美窗簾董事長郭麒麟
的經營傳奇

吳昭明、黃越宏＝合著

〔目次〕

貳 處世態度 109

參 傳承與期許 227

〔推薦序〕一窗簾幔，書寫傳奇

何飛鵬

久聞隆美窗簾董事長郭麒麟先生的許多故事，他的個人經歷就如同一部紀錄片般，紀錄著台灣自光復初期迄今布商業發展的歷史。為人謙和、熱心公益，經營事業四十年卓有成就，無論在創業、生活各方面都有獨到的創見與心法。

商周出版於因緣際會中得幸出版，藉由法治時報社長黃越宏先生和中華日報吳昭明總編輯的精撰細述，我們終能一窺郭董的生活之道，以及他是如何創辦經營隆美企業，又是如何帶領隆美轉型蛻變，成為今日台灣傳統產業的典範。

書中首先回溯至五〇年代的台南府城，帶領我們進入時光隧道，回到台灣那一段篳路藍縷、刻苦耐勞的早年歲月。隨著十歲的郭麒麟，一面鉤枯枝拾柴火，一面遊走井里擺攤討生活，看見做事業者的勤懇，是一步一腳印所鍛造出的生命質素。

及至郭麒麟長成，子承父業，將父親發跡自街頭布販的「走賣生意」，轉為獨立門市，並因應市場變化與需求，創新靈活的生意手法，陸續建立「不二價」、「布匹身分證」、「專業零售布料連鎖」的管理做法。在早年經營管理知識尚未普及之時，隆美即已建立了各種品管制度及標準規範，堪為今日企業管理研究效法的成功實務案例。

傳統產業界中常說：「沒有夕陽產業，只有夕陽公司。」具體反映出隆美由傳統布行轉型為窗簾連鎖專賣店之後的經營成績。曾經，隆美是全台灣唯一企業化經營零售布料的公司，然而，在面對成衣產業西進，民眾消費行為逆轉，郭麒麟迅速發揮獨到的商業嗅覺，意識到「隆美不轉型，就沒法生存」的危機，憑著對布料數十年的研究，帶領隆美踏入窗簾事業布局。並不斷地改革研發各種窗簾布料，帶著隆美一次次克服所面臨的困境，有效掌握生產資源、市場需求，一旦環境變動，隨時靈活因應，這種企業經營的韌性，在窗簾界穩立不搖，更帶動了業界的創新與市場動力。

本書述說了郭麒麟個人的處世哲學、隆美企業的經營之道，甚至闡述了台南府城的歷史，許多傳奇人生、處世態度，談生活、談經營，也談社會服務、傳承與期許，當中有許多值得細細品味的生命哲學，與讀者分享之。

（本文作者為城邦媒體集團首席執行長）

〔推薦序〕用心、求變，成就風雲

賴清德

臺南是一座蘊含無限能量的城市，民間擁有豐沛的生命力，隨時在迸發新的傳奇。人文與產業的並進，讓臺南的企業文化在當代尤其獨樹一格，並造就許多企業龍頭。他們的故事，都是一部精彩的臺南地方史；每一段奮鬥過程，都充滿具前瞻性的智慧。隆美窗簾董事長郭麒麟從小攤販經營到百家連鎖直營店，以「用心」、「求變」的態度，成就優良企業的典範，這樣的成功，絕非偶然。

大環境瞬息萬變，郭麒麟董事長對於一次又一次的危機，皆能巧妙昇華為轉機。無論是臺灣經濟起飛之時，毅然決然跨足窗簾事業；抑或在SARS衝擊下，趁勢推出新產品；金融海嘯來臨時，帶領員工開源節流。郭董事長從底層打拚過來的經驗，都成為日後掌握趨勢、精準領導的最好方針。

書中所提，郭麒麟董事長立足商場的座右銘：「符合客人需求，配合時代潮流，更要領導流行。」讓隆美窗簾從一九七五年創立以來，奠基於郭董事長對布料四十年的了解與認知，跳脫傳統、不斷創新；是為臺灣最早提出「不二價」的布行，發明「布匹身分證」管理系統，並推出如「窗簾便利洗」、「居家購物網」及「窗簾ＤＩＹ」等，都是隆美能穩站業界第一領導品牌的原因。

而郭麒麟董事長從年少在街頭叫賣所累積的歲月，歷經擁有自己的店面、一家家連鎖店開張，到窗簾事業的開展以及在臺南科技工業區隆美總部的設立，每一個步驟都足見對臺南的重視。其自發性投注心力關懷這片土地的人、事、物，讓郭董事長對臺南的情感，宛若經營事業的大器，都是那般令人感佩。

大臺南經合併為直轄市已屆滿三年，一開始的千頭萬緒到如今深受市民肯定與支持的成果，配合各項交通建設及產業發展政策下，臺南擁有相當雄厚的經貿發展潛力。書中提到郭董事長也回應許多對臺南發展的建言，不管是商業環境、生態抑或人文，清德感心於郭麒麟董事長如此細膩地觀察與付出，未來市府團隊將持續竭誠盡心、努力不懈經營，並相信臺南絕對是企業打拚的最佳夥伴。

《用心．求變——從小攤販到百家直營連鎖店，隆美窗簾董事長郭麒麟的經營傳奇》刻劃了一位企業家如何從白手起家，不斷地用心觀察潮流，在時勢中積極求變、突破重圍，最終打造超越業界的領導品牌。郭麒麟董事長處事的智慧與經營的洞見都是本書精彩之處。本人有幸拜讀，在此也樂於推薦給大家。

（本文作者為臺南市市長）

〔代序〕側繪，一種摹寫

隆美窗簾董事長郭麒麟，是台灣當代傳奇人物。

因為腦筋不停地轉，用心、求變，加上膽子大，因此，喜歡「搞革命」，而且「革命」成功，得能從小攤販「變成」百家直營連鎖店的負責人。郭麒麟其人其事，自是不平凡，如此人生，可是時代的註腳，值得書寫。

由於「用心」、「求變」這兩道法門，是郭麒麟成為「傳奇」的關鍵，因此本書乃命名《用心·求變》。

至於促成《用心·求變》一書，以及筆者側寫郭麒麟的動力，其因緣是：

二〇〇六年前後，筆者基於為台南府城留存當下文獻的抱負，乃撰寫

《一二台南》一書。選擇府城十二位代表性人物，刻畫他們的同時，也凸顯一些地方的重要事蹟。決定這十二個人選時，「第一批」浮現的名單，就包括郭麒麟，可見其份量和意義。

二〇〇九年新春，難得有機會北上訪友，和老長官黃越宏先生約在板橋附近見面，並送上一本《一二台南》，請越宏兄斧正。或是故事感人，越宏兄建議筆者，將〈小攤販到百家連鎖店〉，即郭麒麟那一則，發展成一本書，並由他負責處理出版和發行事宜。

由於郭麒麟為人處事的原則，強調的是向前看，不太在意往事小節，因而他個人，及公司早年的資料，多未妥善留存、建檔，且一時之間，往事的輪廓並不太清晰，然則將「郭麒麟」發展出一本書，著實得下一番工夫。雖然「主角」謙遜，不覺得自己「到底有什麼」，其實，郭麒麟一生太精彩了，不但他創業的過程中，多次在關鍵時刻出手精準，在同業之間崢嶸突出，乃至一次又一次超越巔峰——當觸探郭麒麟事業的領域，已然書寫傳奇，況且，他經歷的是台灣光復初期，一直到當下廿一世紀台南府城，以至於整個台灣社會的縮影。創業四十年以來，歷經一波又一波風雲詭譎的財經風浪，然而，總能夠在危機臨頭時，藉著挪移、轉化的巧門，不但即時化解危機，更順勢蓄積勁道，並擴張事業板塊。其敏銳的「商業鼻」和靈活的營運手法，恰是企業經營、管理的好教材。

尤其事業有成即投入社會運動，一九九一年國民大會代表選舉時，首倡「我家不賣票」，接著，「一九九三．乾淨選舉救台灣」鼓動風潮，還有，沉潛的長期耕耘，協助弱勢家庭學童的「大樹計畫」，不但避免孩子因輟學而誤入歧途，且進一步輔導他們成為有用的人才。這些作為，都成就一番功德。至於他年少家境困苦的坎坷歲月，更是鼓勵後人奮發向上，克服難關的好教材，以惕厲那些因為金融海嘯而頹喪，甚且失去鬥志者重新振作。可見，無論瀏覽其涯略，或探究其事功，筆者都有充分理由為郭麒麟，為將來的府城地方志留下史料。

構思、譜寫如此一則立功、立德的傳奇，筆者遵循的幾是「田野訪查」的模式。經過近三個月的多次訪談、蒐羅，爬梳資料，幾番摸索、探路，「引導」郭麒麟一次又一次地回到從前，抒發往事，且多方引伸一幕又一幕的場景，並暢談願景，終於完成筆者預設的拼圖。既而在訪談、書寫的過程中，竟「自然而然」地「浮現出」郭麒麟生命底層的「鳳凰意象」，以及再造「鳳凰城」的志業——這是條理事蹟、思索文稿時的快樂事。

或說個人的思緒，以及行文習慣，導致本書的書寫方式容或不同於一般的傳記，且有些文字或難免詰屈聱牙，尚祈讀者先進海涵。尤其為了多面向地烘托主角，刻意在某些場景架設了幾盞投射燈，如此設計，或許著眼於主角開敞的雙手，或許為了預約充滿智慧和自信的眼神，或等著捕抓額頭的縐紋，於是，舞台上，部分道具和布景，遂跟著亮眼。

當深入幽邃，為了探索「成住」的因緣，時而倒帶、定格，乃至格放，且執著於城市文本等等的鋪陳和賦彩，這，與其說是作者個人習氣，寧可歸諸書寫策略。然則，人與事，事與人的「進進出出」，當舞台「上下轉換」之間，「郭麒麟」已然聚焦，定影。

很榮幸和越宏兄一起完成《用心．求變》，得能深入探索府城核心價值，進而彰顯我故鄉台南的風華，實倍感欣慰。

最後，必須感謝「商周出版社」近年來針對各類型奮鬥不懈、實現理想的事蹟慷慨地予以肯定，並呈現在世人的眼前。期待此書的出版，誠實地告訴人們，奮發向上的正向思考及勤勉工作，才是邁向成功的正道。

吳昭明于南台

〔黃序〕寫書、出書，是緣分

對我而言，寫書、出書，是緣分。

一九八一年開始當記者，至今超過三十年，第一次以人物為主，寫傳記類的書，是在一九九六年，寫台南奇美的企業人物傳記：《觀念──許文龍和他的奇美王國》；當時寫了三年，寫到出版社快失去耐性，我也差點放棄，還好主人翁許文龍董事長有信心，看了初稿就拍拍我說，這書一定會賣得不錯！

果然，他在商場的預言神準，書一出，就連續站上暢銷書排行榜好長一段時間。

甚至，連我出國，在飛機上閒聊，坐在旁邊初識的乘客，都能當場從她的包包拿出一本《觀念》來讓我簽名！

記得最初出版社找我寫書，點名的企業並不是奇美，是我主動要求更改對象，結果，改了對象之後，成了暢銷書。

這之間，似乎有幾分機緣在。

因著這機緣，陸續又寫了幾位名人傳記，如：前文建會主委鄭淑敏、前國安局長許惠祐，還好，都沒讓出版社吃虧，賣的量總有上萬本，這同時，我發現，自己還滿喜歡寫人物。

記得我大哥黃越欽大法官曾說，寫人物要如斧鑿，用筆要像下刀的鑿痕，在紋路上要精準、暢快、俐落！

確實，寫人物寫得傳神，是有一番快意，特別是將書中人物的個性或遭遇，用文字將其生動傳達表現之後，連當事人看了都驚喜感動，身為作者，也會不知不覺地流露掩藏不住的得意與快意。

雖然喜歡寫人，但要出書或成書，還是要有緣分，才能成。

已故影視大亨楊登魁，在一九九八、一九九九年左右，剛從海外回國時，曾獨家首肯，由我來寫他的傳奇人生，然卻因緣不足，未能寫成；楊董是一位非常講信用的人，我無此緣，市面上，終其一生，竟也就完全沒有他的傳奇人生之書問市。

已故涼椅大王曾振農，一生精彩傳奇，又是我好友，他訃聞生平介紹就是由我執筆，我很想寫他的人生，可惜，至今未寫。

另外，我剛出的新書《戴著鐵漢面目的司法小丑——長期觀察黃世銘實錄》，曾經為了要出不出，猶豫再三，最後，是黃世銘自己做了決定，他搞出一堆紕漏，我就順勢上市了。

這些，大概就是我說的，緣吧！

出《隆美窗簾》這書，也真的是緣。

昭明兄是我多年中時報社好同事，人很 nice 又有文采，有一回，他上台北，閒聊他最近的寫作，回台南之後，又特地將作品寄給我，我看了就挑出「隆美窗簾」的部分，建議他將內容深入一點，特別是「創業」過程，以及「應變」過程，好好刻劃，對有心經商的人士或年輕人創業，應該有很不錯的啟發作用。

我既然提議，當然也就會忍不住的湊熱鬧，在昭明兄的原著之中，無禮唐突的動起手來，添加了我多事的續貂文字。

會多事，是因離開中時想轉行從事出版，沒想到，人生規畫永遠趕不上變化，轉行沒成，還將此書一拖逾年，幸好，和何飛鵬及其商周出版同仁聚會提到此書，得到他們的專業認可與幫忙，將此書上市。

這緣，真是又巧，又喜。

黃越宏

感恩

「正義就是給每個人以適如其分的報答。」

——柏拉圖．《理想國》

二〇〇四年九月十八日，台南科技工業區科技一路一號，隆美窗簾企業總部落成啟用。啟用儀式時，隆美董事長郭麒麟，迎迓一波波賓客的同時，不停地說，「多謝」、「感恩」。

隆美的所在地，台南科技工業區，或稱台南科工區，地方人士或簡稱科工區，是前台南市長施治明任內爭取開發的。當時的經濟部工業局長，後來曾出任經濟部長的尹啟銘主導的開發案——市井傳言，這是尹啟銘考慮參選台南市長而衍生的決策。一九九五年九月八日，科工區舉行動土儀式，風風光光邀請當時的總統李登輝南下主持。為了這一天上午幾位來賓一人一鏟，台南市政府動支一千餘萬元整地、鋪柏油、劃設停車場，並設計服裝，規畫多項藝文活動，包括所謂的黃昏劇場，即便那時候基地一帶仍是漫無邊際的漁塭和鹽田。如此煞費苦心，或可見地方對於科工區預設的可觀利益，尤其，地方政府對於科工區期待之殷切。

科工區，位在台南西北郊。從台南市區走中華西路、中華北路，過鹽水溪觀海橋，接安明路，或稱濱海公路，公路兩旁盡是一畦畦的漁塭，依舊一片潟湖野趣。鹽水溪邊，路的東側，有處一百公頃的漁塭，地名九分子，正進行土地重劃工程，不日之後，漁塭將成為建地。

科工區開發之前，濱海公路一帶，多屬台鹽的鹽田，也是東亞和澳洲之間，非常重要的一處候鳥越冬區，每年棲息的水鳥，數以百萬計。科工區竟進駐如此環境敏感場域，工業開發和生態保護兩相妥協之下，農委會劃出約五百公頃土地，設置「四草野鳥保護區」，希望野鳥體察人意，好生搬家，在保護區裡築巢、覓食。保護區往西不遠就是鹿耳門溪出口，及四草古戰場，環保之外，還多了一層文化積澱。

入秋之後，沿途經常可以看到成群野鳥，或在鹽田覓食，或低空盤旋，或佇立在紅樹林上，還有站著三七步，略彎上身，透過望遠鏡，靜靜觀賞的愛鳥人士，畫面感人。過「嘉南大圳排水幹線」，公路的左前方，依稀看到許多造型猶如積木般的碩大廠房。再往北走，不消一分鐘，台南科技工業區到了。

科工區的入口在本田路，本田路往西，直走通四草，四草有「荷據時期」的海堡遺址，那裡也是荷蘭人和鄭成功的古戰場。四草稍北的鹿耳門，曾經是進出台灣的門戶，鄭成功就是從鹿耳門航道，轉進赤嵌，攻打普羅民遮城，即今赤嵌樓。

濱海公路過本田路往北近一公里，在公路上清楚看到「隆美」兩個大大的綠底白字——粉綠底色，刻意凸顯的是公司的環保形象。廠房位在幹道、支道的轉角處，選擇醒目地段，也是商機的預設。紅綠燈左轉科技一路，隆美企業總部到了。

總部旁，臨安明路的圍牆邊，主人刻意種植一排台南市的市樹、市花——鳳凰木小樹苗。預約的是幾年之後，每逢初夏到晚秋，有近半年時間，一片華蓋般的火鳳凰迎面而來，且從遠處放眼看去就清楚可見，這，不但是隆美動人的企業代言，也是早年府城的城市意象，可也是牽動主人往日情懷的景致。可見，主人是位有心人。

強調環保理念的隆美，進駐如此一個所謂開發、進步、繁榮的迷思，及環境、生態保育，兩相較勁、妥協、平衡的場域，竟然一如隆美董事長郭麒麟，雖然在商場奮發事業，競逐利益半世紀，不過，也長年投入社會運動。商場上的成就和社會公益之間，也可以兼顧。

百家直營連鎖店的企業總部，廠房落成啟用，場景可以想見。但，隆美不同於一般企業，由於董事長郭麒麟長年來積極投入社會工作，因此，參加啟用儀式的賓客，除了相關廠商，還多了一般商界比較少見的政界、社運人士，更難得的是，多位新聞記者也來捧場，除了交情，亦著眼於隆美董事長郭麒麟的一身傳奇，和高度新聞性。

郭麒麟頂著大太陽，迎接一波又一波的來賓。在大門口進進出出。雖然忙了一上午，但郭麒麟可一直笑眯著眼，額頭顆顆汗珠，擦了又擦，特殊鼻腔共鳴，渾厚高亢的嗓音，「多謝」、「多謝」，「感恩」、「感恩啦」，一直迴盪在玄關和停車場之間。

隆美一帶，古老潟湖環帶，當立足歷史之門，古鹿耳門畔，盱衡隆美總部人來人往的場域，這，可是夢境？

一個早年在土地上打滾，行走江湖，擺地攤出身的窮小孩，竟然鋪陳如斯盛大的場面。

郭麒麟滿懷感恩的心：

「做夢也想不到。」

豈是他一人能夠。

壹

傳奇人生

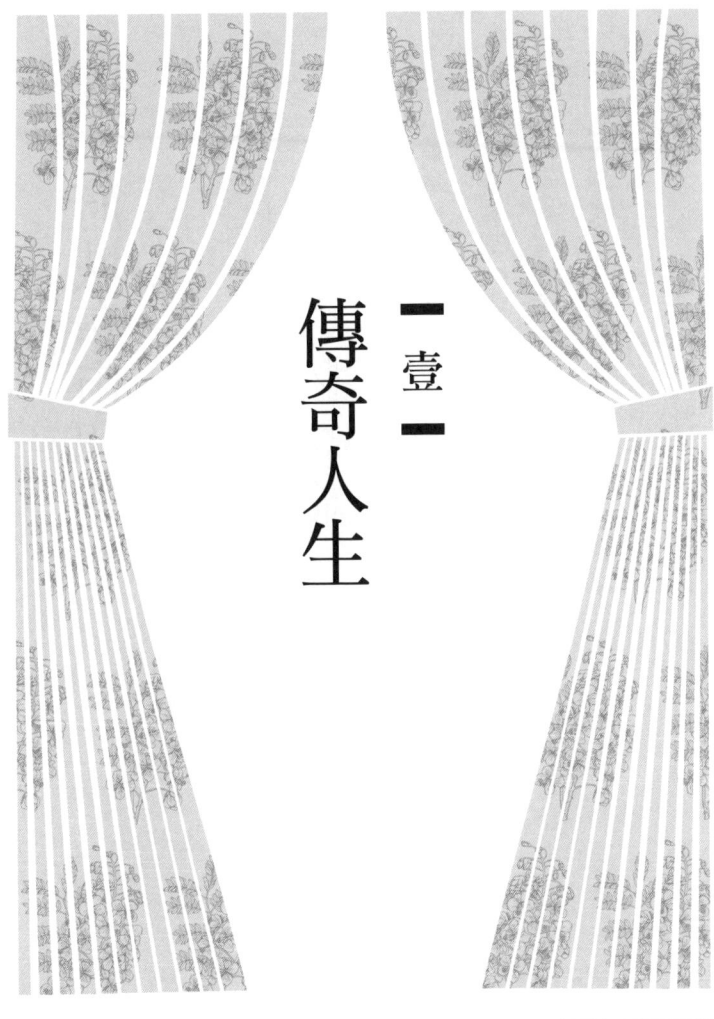

一・府城布市印象

時當二十世紀中葉。

人聲雜沓中，高亢的叫賣聲穿出：

「銅鑼連響數十聲，

敬請鄉親朋友斟酌聽，

賣布來到咱的貴地大廟埕，

花紅柳綠五花十色應有盡有，

……」

在城市巷弄的屋簷下，在鄉間廟埕，上個世紀五〇、六〇年代，不難聽到類似招徠客人的呼喊。呼喊、叫賣聲中，還不時合著用力甩打布匹，「PA！PA！PA！」的聲響，這是當年「賣布郎」熱場的制式動作。

隆美窗簾的鴻基，就是在「PA！PA！PA！」的聲響中建立起來的。布市的小攤販，入門門檻不高。早年台灣，從事該行生意的人數，沒有正確統計，但是可以想像布市的繁景，與其從業人口的多寡必然成正比。

從「布市」鳴槍開跑，從行走江湖的小攤販一路「熬」，熬到百家直營店的董事長，郭麒麟的年少歲月，「小攤販」的天地裡，面對的是肇因生活壓力的需求而呈現的擰、擠、衝、撞，個個奮力衝刺，因為，個個要賺錢養家活口，且懷抱理念者，想出人頭地。

現實生活的浪潮，雖無情，但公平，頗契合物競天擇的定律，乘勢而起者，可以擁有一片自己的天空，落勢歸去者，很可能是被無情浪捲走的潦倒漢。

郭麒麟，從布市鳴槍起跑之後，一生事業，幾乎都與布料息息相關，以「大前研一」的觀點來看，郭麒麟正是他形容廿一世紀最需要的人士——「專業人士」。

郭麒麟的一生，只專業一件事：「布」的買賣。

從「路邊」擺攤「賣布」的「布販仔」，到「電腦」建檔「賣布」，他的專業精神始終如一。

他一步一腳印，一邊行走，一邊適應世界潮流的變化，還得一邊注意本土需求的轉型，郭董所撐起的一片天空，充滿市場裡求生存的基本智慧和品德。

二・父親換跑道，譜布販機緣

一九四五年，台灣光復那一年的夏天，郭麒麟出生台南府城西南郊，臨近海邊的「灣裡」，祖父是「討海人」，撐竹筏，捕魚養活家人。

父親郭專，原本賣魚為生，賣布的堂哥覺得同行之中，有親人相照應，比較不孤單，不易受外人排擠，加上「賣布」比「賣魚」輕鬆，利潤更好，遂慫恿堂弟換跑道，改行當「布販仔」。

郭專在二十幾歲開始「布販」生涯，走遍南台灣，也開啟了郭家和布匹相關企業的因緣。

郭麒麟六歲那年，舉家搬遷到台南市開山路一二七巷三十三號，位在延平郡王祠北邊，巷口有棵枝幹神似虬蟠的金龜樹。

從「市外」搬到「城內」，所謂「爭名於朝，爭利於市」的器識之外，立即可見的好處是，其時，「灣裡」到「市區」的道路，蜿蜒、狹窄難行，一趟市區，走路來回少說三、四個小時。

搬家之後，除了方便在市區四處賣布，也好就近到民權路補貨——民權路，很可能是世界第一條都市計畫道路，荷據到清末，台灣南北縱貫公路的起點，清代全台最熱鬧的街區。光復後曾經聚集許多布匹大盤商，民國四〇、五〇年代，盛況不下於台北迪化街。

爭利於市，既節省體力，且以空間縮短時間。

一般人的認知，可能改變人生的要件，不外五大要素：一、「命」，二、「運」，三、「風水」，四、「積陰德」，五、「讀書」。

郭家的喬遷，不是算命先生的指點，是為了現實需求而尋求方便，恰契合改變人生五大要素之中的第三大要素：「風水」。

住家所在，自是屬於生活中的地理方位，或泛稱風水地理。搬家之後，縮短路途奔波的時間，更方便商場進貨作業，無形中也提升競爭力。

「時間就是金錢」，美國開國元勳富蘭克林勸誡世人好好把握時間讀書，正因為善用時間，比別人積累更多時間，爭取到更多時間的同時，也為自己贏得更多賺錢的機會。從小，郭麒麟已然潛移默化。

人生有很多機緣，總是一點一滴慢慢加總而來。

因伯父的建議，父親乃換跑道，不再倚海為生。配合布匹買賣，舉家搬遷，進入市區，努力多年之後，在市區裡總要擁有自己的店面，有了店面之後，很自然的動腦筋，想要擴大營業。

當回想，當倒帶時空，竟好似命定。

不一樣的人生機緣，乃至所謂命運的篇章，就此一頁一頁譜繪出來。

衣、食、住、行四大需求，「衣」排第一位，可見其在古代日常生活需求中的重要地位，乃至可以想見的市場。

到處遊走的布販，天天過的是風吹雨打，豔陽曝曬的生活，工作相當辛苦，可是報酬卻挺優渥的。在五〇年代中，一天營收一百多塊錢並不困難，以一成利潤計，可以賺到近一、二十塊錢。

一、二十塊錢，在當年可相當「厚」。五〇年代初期，西螺鎮長李應鏜先生每個月的薪水不過兩百元，課長一百六。那時候，一般學徒一個月的工資不到一百塊，甚至只有零用錢罷了。

光復初期，賣布生意利潤高。從這也可以想見，台南紡織集團，或所謂的「北門幫」，早期幾位播種者，年少離開台南縣北門鹽分地帶，來到台南舊城，在民權路一帶工作、創業，能夠快速叱吒商場，在六〇年代成為巨富的緣由。

撿拾柴火討生活

賣布好賺，確實走對了路，然而，遺憾的是，郭專年輕時就罹患心臟病。心臟病，不堪勞累，經常賣個一天布就得休息兩天。每個月養病一、二十天，甚至一個月難得出外幾天是常有的事。工作的日子少，養病的日子多，加上支應長期不斷，昂貴的醫藥費，家裡的經濟著實拮据非常。

在家裡養病的時間多，閒來無事，郭專就畫畫、彈中山琴打發時間。到了七〇年代初，洪通刮起「素人畫」的風潮時，曾經有報社記者幾次採訪郭專，介紹他的畫作和琴藝。可惜，當時的郭麒麟正專心一意「顧腹肚」，成天忙著賣布，並沒有留意父親作品的去處，當然更不可能剪報、建檔。

討生活的歲月，往往難以修飾妝點親情與浪漫的記憶。

記憶中，父親久病，導致家貧，只有盡可能撙節家用，即便是每天必須的柴火開銷，當然能省則省，只要外頭「撿得到」的就不必自己花錢買。

打從小學三年級開始，「撿拾」大自然四季更替之下，被樹幹淘汰的「枝椏」，成了幼年郭麒麟的主要工作之一。

每天早上六點就起床，趕在上學以前，扛起一頭綁有鐵鉤的竹竿，帶著竹籃子，在開山路、府前路一帶，沿路撿柴火。

開山路，延平郡王祠附近的行道樹，一邊種植金龜樹，一邊是鳳凰木。金龜樹多刺具防盜功能。因其多刺、扎手，不好撿拾。

府前路兩邊是高大，華蓋般的鳳凰木，鳳凰木的枯枝較脆，於是選定鳳凰木，一路探頭仰望，找尋枯枝，好「摧枯拉朽」。

看到粗細適中的枯枝就用鐵鉤鉤住，拉下，踩斷，折成一小段一小段，裝進竹簍子。夏天撿龍眼殼，方便生火。

四月底、五月初鳳凰花初開，五、六月，花開最茂盛，其時，台南府城可是漫天火鳳凰的景致。即便一心專注撿柴火，趕著上學的小孩，當然沒有太多的閒情逸緻可以欣賞街景，不過，火鳳凰所烘托的強烈美學情境，長年融入如此氛圍，其雄偉壯烈的美感，已經自然而然烙印在郭麒麟幼小的心靈裡，甚且成為生命最深沉的一部分。

每個人都有自己的童年記憶，那段記憶，沒有大人價值判斷的干擾，它可以是獨特可愛且圈圍在個人完全自主的世界。

馬克吐溫的小說，最擅長描繪這種景況，湯姆歷險記中，被處罰的小孩，可以利用同伴的好奇心，排隊出錢來買他被處罰的事：油漆牆壁。

撿拾枯枝的童年，一定會注意到，原來一年四季都有它的任務，有時是充滿生命力的美艷紅花，有時是綠葉，當樹上掛著「劍鞘」，是提醒他摧枯拉朽拾枯枝的時刻已到。

撿樹枝並不固定在哪個地方，有時隨興走庭園路線，從延平郡王祠一直到台南女中校園。在台南女中看到在教室裡的大姊姊們埋首功課，印象深刻，也很羨慕、「景仰」她們。

五〇年代，市區的道路上車輛不多，一般人也多有愛物惜福的心念，郭麒麟當街拉扯枯枝的動作，並不會引來太多格外的注目。不過就是比起其他人家專心上學的小孩，著實辛苦了些。

三·自街頭長成，受惠苦日子

身為長子，不只要出門去撿柴火，為了幫忙家計，郭麒麟國小五年級就開始經歷流動攤販的生涯，也是了解真實人生、歷練商場的開始。

進學國小畢業後，因家貧不能升學，於是郭麒麟正式「出社會」，他踏進社會，幹的第一份工作，就是「挑擔叫賣」的「流動攤販」。

他的「流動攤販」，是「半流動半定點」式的，遇有好時段、好地點，就停下來等生意上門。好時段一過，就挑起攤子換地方，或沿街叫賣。

這種為了討生活，所使用的靈活方式，不只用在攤販的時段和地點，包括販賣內容也都講求靈活變化。

夏天賣冬瓜茶，冬天賣麥芽糖、烤玉米等，食品配合季節的變化而變化。上午，小小流動攤販固定在青年路和早年的建國路——今民權路一段之間的「東菜市」找地方擺攤。下午，菜市場歇市之後，沿街叫賣，遊走台南市的大街小巷。

十四、五歲，少年攤販沿街走賣的日子，逐漸淬礪出郭麒麟獨特的「生意經」。

少年郭麒麟體會到做生意，要懂得找人潮，要懂得看門道。

每天下午是遊走大街小巷的時段，每逢「觀光」、「進香」旺季，他看準遊覽車的觀光客一下車就會找飲料，像守候在延平郡王祠門口附近叫賣，且邊賣邊打聽，觀光客的下一站是哪裡？

等觀光客買完飲料，進入參觀之後，他就挑起擔子，趕腳程，到他打聽來的下一站，或許是孔子廟，或許是竹溪寺，提早去等著，等著觀光客第二次口渴，也做起第二輪生意。如此景況，可謂「徒步」的「隨車飲料供應商」。

午後的台南，天氣炎熱，大馬路上的柏油被曬得都變軟了，溫度之高可以想見，郭麒麟打赤腳，挑著重擔，放足快步趕路，一心只想著生意上門，可以多賺些錢，怎可能想到趕路辛苦，又豈在乎踩踏柏油是否燙腳。

由於長期吃不好，少年郭麒麟發育遲緩，個頭小，扁擔高，挑擔行走街上，稍不留神就「傾倒擔」。

「豆花傾倒擔，一碗兩角半」。

如果賣的是麥芽糖、玉米，還好善後，如果是夏天賣冬爪茶，那慘況可能不下於「豆花傾倒擔」，不但冬爪茶整桶傾倒，幾乎一滴不留，且玻璃杯碎落一地。國小才畢業不久的孩子，面對如此景況，怎麼收拾？怎可能不羞怯、不自卑、不退縮？

擔子挑了兩年多，積蓄一點錢，才有能力更換工具。終於能夠放下擔子，改為手推車。

換了手推車，日子變得比較不一樣，晚上，經常固守在中正路土地銀行的「亭仔腳」——和中正路結緣的開始，得要賣到十點多才收攤。

在中正路，面對的是不同的「歷練」。由急趨趕路在燙腳的柏油路面，轉換成苦守冬風嚴寒的牆角，默默苦掙。

他守候在土地銀行屋簷下的一角，仿古埃及神殿建築，一邊是高牆，一邊是碩大、挑高的廓柱建構而成的空間，如此建構恰引導寒風穿廊而過的風切效應，冬天的夜晚，冷風不斷呼呼作響，郭麒麟又楞又寒。更惹人厭是，土地銀行走廊還有一攤賣臭豆腐的，油炸的「臭香味」不斷飄散，肚子更不好受，尤其人還在發育階段。不過，再怎麼餓，總得挨到回家之後，才有一碗媽媽煮的一團「浮水麵粉糊」果腹。

對一個肯打拚的年輕人而言，苦日子往往是日後成功的最佳養分。

郭麒麟從國小畢業，就開始「街頭打拚」討生活，從炎熱的夏天施腳程跑攤，到酷寒冷冬苦守牆角，他已被訓練得具備進入「大人生意」的條件和火候了。

走入大人的生意

十八歲，郭麒麟開始隨郭專老先生到市場賣布——當時的觀念，布是大人的生意，十八歲，「大人」了，才可以踏入這一行。不過，凡事總有例外，郭麒麟的弟弟，郭振隆，國小一畢業就進入這一行，顯然沒有什麼固定的行規可言，或許是大哥既然已吃過苦頭，弟弟不必再重覆一遍吧！

郭麒麟學了一年，了解一些門路之後才自己四處跑。

其實，了解門路，可也是一門功課。

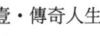

一起在泥土上打滾的前輩，不乏值得學習的「老先覺」。天性好學的郭麒麟打聽他們的行程，在哪一處廟埕，哪一處菜市場做生意後，就把握時間趕到那裡，「躲」在場子的後面，看「老先覺」怎麼招攬客人，怎麼賣布，同時，在小記事本上詳細記下叫賣的訣竅，也擷取眾多「老先覺」的精華。漸漸地，郭麒麟的生意比他們都好。這，無非是天性加上努力才可能做到。

在社會中學習的習慣，讓郭麒麟不斷成長，提升自己的同時也壯大企業。隆美舉辦在職訓練時，他經常拿這段經歷來勉勵員工，怎麼行銷，怎麼從工作中，從各種管道學習別人的長處。

為了趕早市，早上五點就得騎腳踏車出門——摩托車，想都沒想過。

一九六〇年代初，一部50CC摩托車，少說一般公務員半年薪水，即便一部腳踏車都是基層公務員一個半月薪水。這也是早年一些學生的住家距離學校不過十公里之譜，甚至區區五、六公里，每天得起個大早，趕搭公共汽車、火車、小火車上學。比較普遍可以有腳踏車載貨，已經是上世紀六〇年以後的事了。

早年，經常趕新營的早市，早上五、六點出門，趕到新營才八點多。叫賣到十一點多，早市漸漸散了後，很快轉往新營附近村落的廟口，鎖定的客人是一些從田裡回家吃午飯的農民。

找人潮，看門道。

下午一點多，農人要回田裡工作了，才「收攤」。

現代人生活奢華，應酬吃飯，經常一晚連趕兩三攤，以前的郭麒麟，卻是日子苦，要討生活，每天都要連趕三個地方，跑兩三「攤」。

除了台南鄰近一帶的鄉鎮，有時郭麒麟還從關廟、旗山，一路迂迴到高雄，最遠到屏東枋寮、水底寮一帶。來往南台灣時，路途遙遠，得在屏東附近過夜，再一路叫賣回台南。

有時，長途騎車實在騎累了，會向路過的貨車司機招手搭便車，多數司機會停車。

好心的司機幫忙將布和腳踏車抬上卡車，到了台南，下車時，幫忙將腳踏車和布匹搬下。分手時，郭麒麟拿些「涼水錢」聊表謝忱，不過，多數不會收，一句「有緣啦！大家都是賺食人」，高高興興揮手道別，人情味滿濃厚的。

時空推移，當詐騙、欺拐、偷盜、綁票充斥的澆薄今日，想招手搭便車，恐怕是令人搖頭的兩相害怕吧。

賣布郎的車子，非常顯眼。車子的把手，兩邊都掛著鼓鼓的大包布，車後坐墊也是高高扁扁的一大疊布，多是泛黃帶灰的布包裹著，少說一百台斤。

布匹多，而且疊得高高的，重心不穩，騎車奔走在顛簸的鄉間小道，路況不佳，車子難免傾倒。豔陽天還好，遇到雨天，腳踏車一傾倒，那可麻煩，不但布匹淋濕，有時布匹浸泡泥水中，天還下著雨，布包是解開？還是不解開？學校老師怎麼都沒有教？

如何趕快將布匹疊起來，重新上路？望著泥水滾滾的轍跡，竟四顧茫茫，直是叫天天不應。

「喊布」跑江湖

場景，鋪陳在廟前廣場，隱映到街頭巷尾，「喊布仔」來囉！

「喊布仔」叫賣時的「工具」，當然是「肉吹」——那時候，「喊布仔」不可能有啥麥克風，或「大聲公」。而今，寬厚、沙啞的音色，是「喊布」時，天天喊破嗓子，經多年工夫才「練」出來的。平常講話時，習慣透過共鳴腔發聲，咬字時，一些特殊母音、子音的強調，都是喊布生涯的印記。

說話高亢有力，郭麒麟自謙地說，「破鑼嗓子」絕非「父母生成」。

江湖行走，自有一套討生活的祕訣。

當「喊布仔」到了定點，沒等布匹鋪排好，就要先開始「練」一大段，內容不外，布有多好，多便宜——這是行話的「叫花」。

「叫花」之後，可要開始「結子」了。就像大自然「開花」之後，會有「結子」，結子之後，才可能「收成」。

招徠客人，意義不大，它只是「集結人氣」而已，緊要處在配合氣氛的營造，抓住一般人貪小便宜的心理，順勢將布賣出去，也就是如何浮現「買氣」才是成敗的關鍵。

「喊布」時，已經「表演」相當時間，雖然場子已炒熱了，人氣已經集結了，可是，竟然沒人「喊聲」。

買氣遲未出現，現場沒有人開口要買，怎麼辦？

光有人氣，卻沒有買氣，那得要趕快更換劇本，開始「價格戰」。

於是，「訴求」接續。

「為了回饋貴寶地，不惜血本，特別降價囉！」

降了幾回之後，萬一，還是沒人買，又該怎麼辦？

此時，氣氛的營造很重要，得「繼續表演」。觀察現場一小段時間之後，知道「價格戰第一招」（降價）行不通，要改用價格戰的「第二招」——限量供應，同時，還要配合「悲情訴求」！

但見緺眉蹙額，苦著臉，低聲悲情地說道：虧慘了，不過，為了「開市」，再降價，「最後犧牲」只賣給三個人，「只有三個人的份」。其實，豈只三個人，縱使十個人要，當然都賣，最好整匹布都賣完。

「走跳社會」討生活，雖然沒有啥高深的學理，但實際操作上，可多少和學堂裡的理論相通。

從集結人氣，到帶動買氣，當買氣不佳時，以降價求售來激發，不然，就以限量供應做為訴求等等，幾乎是一個道理。

由於布匹比較耐久放，五〇年代，台灣的紡織業、成衣加工業才剛起步，市面上，男士的成衣價格相當高，女士的洋裝並不多見，舶來品貴得離譜。即便到了六〇年代後期，毛線，依舊是體面的體物，因此，「剪布丈」，到「洋裁店」或「家庭裁縫」裁製、訂做洋裝、衣褲的相當普遍。

嫁女兒時，花布內褲準備個二、三十條是常有的事。一條內褲少說兩、三尺布，辦嫁妝，經常是好幾皮箱滿滿的布料。有錢人家，準備的布料多，因而有的「新娘」都已經當「祖母」了，「嫁妝布」還沒用完呢。

工商業的大環境，鄉間布莊仍不普及，或店家的貨色不多、不佳，加上配合民間習俗，於是，有了「喊布」跑江湖，頗寬闊的生存空間。

四・克服自閉，自學苦讀生信心

行走街頭，當小攤販乍見小學同學，是很沒面子，很難堪的事。郭麒麟曾經為了這種難以避免的「狹路相逢」的難堪，尷尬得久久抬不起頭。

早年，府城舊城區的大小街道，商家多，住家也多，一大早家家戶戶就敞開門戶，大可不必操心小偷上門。孩子在街上嬉戲，不擔憂可能被車子撞到。每天有攤販沿街叫賣，且在一定時段推出水果、點心、冰水等等美食。一大清早是豆腐擔，叫賣朴子豆腐，賣醬瓜的多是手推車，幾乎同時出現的是挑擔賣魚、賣菜的，然後是推著腳踏車，後面車架上擺著三、四尺寬木板的豬肉販子。十點光景，點心、涼水等等接續登場，配合府城人的飲食習慣，以及食材的新鮮度，不同節令、不同時段，自有不同的呈現。至於背著小木箱賣冰棒，或提著小竹籃賣「稀螺仔」的小攤販——都是小學生，多在假日才出現。賣稀螺仔的，多來自海邊。這些小孩子，多是來自郊區、海邊偏遠地區，生活條件差，必須從小投入生產，城裡的小孩，生活條件環境好，不必上街討生活。

郭麒麟小學一唸完，就成天開始走遍大街小巷叫賣東西，早年，台南府城的城區相當小，行走「四城門內」總會碰到熟人，尤其遇到家境富裕的親人時，郭麒麟每每羞怯得將臉別向一邊。

郭麒麟的媽媽結婚之前，在中正路上，今中正路、西門路口，麥當勞漢堡往東邊幾家的永義興銀樓工作，結婚之後才離職。（按，中正路東段屬日據時期的末廣町，是日本人開發的新興商業區，光復後進駐不少本地的富有商人。早年，一般婦女結婚後就操持家事，不再出外工作，信用合作社有「結婚條款」，女性員工一旦結婚就自動離職。除了比較特殊的例子，像老師或公務員等，否則當時出外工作的，多屬比較苦命的婦女，因而台語衍生出幾個貶抑的名詞，像「賺食諸婦」、「賺食」、「賺」，來稱呼歡場女子及其行為。）

楊姓老闆將郭麒麟的媽媽當做自己家的女兒一般，因此兩家走得很近。郭麒麟小時候常隨媽媽「回娘家」，到中正路的銀樓去看阿姨、舅舅。每到那裡，不但有吃，有拿，也有玩伴。楊家有幾位小孩和郭麒麟年紀相近，穿不下的衣服、鞋子都送給郭麒麟。郭麒麟一直很感念楊家的照顧，那幾位一起長大的小孩，都頗有成就，其中，楊惠郎是成大生物科技研究所教授，是石斑魚專家，還有在日本經商的。

有天，郭麒麟推車賣冰水，停在永福路、友愛街口附近叫賣。（按，今公十一公園，清朝時的「檨仔林」，經常有「羅漢腳」在那裡遊蕩——府城俚語，「隱居檨仔林」，就是從那裡衍生出來的。日據時期的神社，光復後的忠烈祠、體育館。鬧區裡歷史悠久的公共空間，經常有人聚在那裡，溜達、聊天。閒人多，最是攤販招徠生意的好聚點。）四處張望、叫賣，忽地，眼尖的郭麒麟，老遠看到楊家舅媽，朝他推車的位置走過來，郭麒麟自卑得刻意將頭偏向一邊，裝做招呼其他客人，不敢和舅媽照面。

那場景，對郭麒麟影響深遠，幾十年後，依舊記憶深刻。可能遇到親戚，當然，更容易遇到眾多同學。遇到同學時，少年郭麒麟只有將頭壓得更低。

一次又一次的尷尬、低頭，長年下來，自尊心受傷之重。內心一直掙扎，既然是親戚，和楊家比起來，家境怎相差這麼多？不過，或是天性使然，或是責任感重，郭麒麟並沒有因而消沉，更沒有灰心喪志而浪蕩江湖，甚至步入歧途，竟而轉化成為一股激勵他不斷上進的泉源與力量。

少年的郭麒麟立下宏願：「有朝一日，一定要和他們平起平坐。否則，不會去找他們。」

當兵磨練，自我超越

即便人窮志不窮，但終究自卑的心結一時難解，年少的心靈受創嚴重，導致有相當長的時間，頭習慣壓得低低的，而且不敢和人家交談。

不但內向、退縮，也因而變得嚴重口吃，每一開口就結巴。

如此惡性循環下，口吃更嚴重，心理更畏縮，除了家人和生意上必要的溝通之外，不敢和人往來，漸漸的，幾已到了「自閉」的程度。

決定賣布時，二伯父曾經質疑，口吃怎麼賣布？怎麼賺錢？伯父的一番話重擊心坎，一如和楊家銀樓的比較，都是他內心最深沉的蝕刻。這兩件事深深影響郭麒麟，是他鼓舞自己，努力上進的動力，且一生受用無窮。

郭麒麟在一九六五年入伍，六六年隨部隊移防金門，六七年退伍。不但中了「金馬獎」，還是「籤王」，其時，正是先總統蔣中正開始軍事行動，實際執行反攻大陸的「國光計畫」當頭。六五年八月六日，國軍登陸福建東山島失敗，即「八六海戰」。隔年八月一日，大陸文化大革命全面引爆，之後，時有國軍將反攻大陸的傳聞。

六五年前後，台海瀰漫著戰爭氛圍，八二三砲戰之後，台海最緊張的時候，郭麒麟恰在此時服兵役。

在金門通信兵部隊時，因為口吃，經常成了同伴們取笑的對象，也時常被連上長官斥責，甚至公開辱罵說：五分鐘聽不到郭麒麟說出一句完整的話。

可能因為口吃，才被編在架線班。架線工作，不必多說話，設若背無線電話機，或駐守在基地台，負責聯絡工作，戰爭氛圍瀰漫的當下，身處最前線，口吃者傳情報，加上緊張，可能老半天說不出一句話，誤了軍機，那可不是電影的笑鬧劇，那可要軍法伺候。

於公，是否影響軍機是一回事；於私，同事、長官的譏笑，一般人可能難以承受，導致更退卻，對郭麒麟個人最直接的傷害。長官再持續幾次公開責罵、踐踏，那只有更畏縮，繼而，墜落深淵，此生完矣。不過，郭麒麟並不因此而頹喪、墮落——也是天賦吧，他告訴部隊的弟兄，如果真把他當朋友，有關他任何不對的言行舉止，請當面說出來，不客氣地糾正。當時兩岸的情境，充員兵竟敢類此「請求」，甚至近於「糾正」部隊弟兄，包括長官的行為——前線犯上，是需要相當勇氣。

為所當為的勇氣，實乃日後成功所必須具備的特質。

大家被他坦誠的態度所感動，不再把口吃當笑柄，郭麒麟也開始隨時自我警惕，退伍之前，口吃的毛病終已大幅度改善。

正因為過人的「決心」和「毅力」，長期自我克制，退伍後一、兩年，終於不再口吃。

好不容易才克服此生一大難關——此乃「超越障礙」的具體呈現，也是日後郭麒麟在商場上，或公益事業等領域，都能夠脫穎而出的主要原因。

軍中兩年是郭麒麟此生最專注讀書的時候，尤其在金門服役的機緣，身處最前線，反而因為境況單純，不太有外在的干擾，於是，心很快就安定下來，加上通信兵和其他兵科比起來，工作比較單純、輕鬆，只要隨時保持線路暢通就沒事，得有許多「自己可以運用的時間」。

更幸運的是，曾經有段相當長的時間負責伙食採買，一大早從菜市場買菜回隊部後時間就是「自己的」。如此際遇，換作其他充員兵，可能閒得發慌，可能成天泡在彈子房裡打撞球，但郭麒麟專注求知，把握時間發憤讀書，以填補只有小學畢業的缺憾。

在金門最有成就感的是，好生研讀初中、高中國文十二冊課本。一年多苦讀下來，郭麒麟自信，他的國文程度應該「還可以啦」！因為，不少初中、高中畢業的同袍，寫信時，還麻煩郭麒麟代筆呢。

郭麒麟揮灑商場的一些特質，包括：勤儉克苦、用心思考、閱讀習慣、擅長理財，乃至收支控制等等，在服兵役時已見端倪。其中，竟包括「開源節流」。

服役兩年期間，從家裡只拿過兩百元，不消幾個月就花光。那時的充員兵，一個月領七十五元，縱然省吃儉用，還是不夠平日的基本開銷，因此，每個月經常有十幾天口袋空空。但，日子總是要過，為了「籌錢」，遂變賣部隊配給每個充員兵的香菸和豬肉罐頭——真是開源法門的具體運用。

五・進駐中正商圈，建立橋頭堡

一九六七年，服完兵役一回到家，身體羸弱的郭專老先生就將銀行存款簿交給兒子，從此一家的經濟大權，乃至生計遂全都落在郭麒麟身上。

退伍之後，郭麒麟持續在南台灣一帶跑了六年。這六年的磨練中，他不斷地觀察市場的景況，且逐步整理心得。他發現，跑得多，不代表賺得多，市場、人氣、買氣都是關鍵。種種因素綜合加總，乃悟出一番道理。

廿九歲那年，決定不再跑外地。

長期固守在「大菜市」後面。

這不但是事業上重要決定，也是人生的轉捩點。

為什麼看準台南市最繁榮的商店街區——國華街靠中正路的巷口一帶，進行「駐點游擊」？

光復後，布匹產業的結構，在上下游之間，悄悄漸具產業雛形，台南市布匹批發店家，在上個世紀五〇年代前後，逐漸在民權路（今民權路二段），主要集中在永福路以西一帶「結市」，不少布行甚至有自己的紡紗、織布、整染工廠，其中最著名的當屬新復興、南紡集團。早年，像米街、赤崁街，都有紡織廠，還有多家成衣廠。布相關產業結構形態，上下游整合與聚落集結已然成型。

「生產」的產業上下游會產生整合，「行銷」的市場當然也會產生整合，台南市布匹大盤商在民權路，主要零售布市，早在俗稱「大菜市」的「西市場」整合結市。（按，「大菜市」的入口位在西門路，前延平戲院對面，靠正興街。西南側出口，就在國華街、中正路口，也是人潮湧出的地方。）

雖然六〇年代後期，國華街、中正路轉角的赤崁、世界戲院等已經先行關門，不過，附近還是有多家戲院：延平、國華、大全成、小全成、王子、王后、南都、南台、金馬、統一等等足以維繫榮景，當時的國華街口一帶，依然熱鬧非常，也是台南市人潮最多的地方。

一般府城人習慣的逛街路線，在大菜市溜達後，進到國華街、沙卡里巴一帶的餐飲攤，那裡有府城美味的點心，像：香腸熟肉、擔仔麵、肉羹、鹹圓仔、圓仔湯、蝦仁肉圓等等冷熱、甜鹹佳肴侍候著，最能留住逛街的人潮。

中正路一帶繁複的商業機能，從西門路口一直綿延到沙卡里巴、合作大樓，人潮還延伸到海安路、新町等等地方。無論電影院、舞廳、歌廳、店頭、路邊攤，一應俱全，尤其「新町」一帶，更是聞名全台的花花世界。

中正路一帶，幾乎不打烊，任何生意都好得不得了。

不過，攤販生意再好，總有休息的時候。

別人休息時，就是郭麒麟的機會。

郭麒麟鎖定國華街靠中正路街口，赤崁戲院，今黑橋牌香腸旁邊的六家路邊攤位，檳榔、涼水、小管米粉、香腸熟肉等等，哪一攤休息，就借用哪一個攤位，天天保持機動。

郭麒麟守在大菜市出口擺攤賣布後，為了以小搏大，遂祭出價格策略，不但價碼比大菜市的布行「便宜很多」，且堅持「不二價」，因而口耳相傳，很快就吸引很多客人。

其時，中正路一帶的人潮就是錢潮，只要有個「容身」之地，生意就自動上門，就是賺錢的保證。

可是，僅約一坪的「臨時」攤位，終究地方太狹窄，布匹只能夠擺在地上。攤位上方，頂著一方小小帆布，稍稍遮蔽陽光。一下雨，那可慘了，不但淋雨，而且中正路、國華街一帶，地勢低窪，有些地方的海拔甚至在海平面以下，遇雨容易積水——雖然雨停水即退。

盛夏，西北雨一來，甭說搬動一疊疊的布匹，有時拖都來不及。

時來運轉，進駐商圈

「寄生攤販」熬了兩年之後，機運來了。

時當一九七三年，第四次中東戰爭，第一次石油危機之後，台灣經濟起飛的發端。

一九七五年，郭麒麟三十一歲那年，以一百一十萬元的「權利金」，頂了國華街五十一巷口，原赤崁戲院後面，一家成衣店的攤位，約略兩坪大（產權屬於台南市政府的市場攤位，幾年後被收回，並沒有拿到任何補償金）。

那時候，西門路的店面，每坪一百五十萬元之譜，而且「有行無市」，難得聽說有人賣房子。像友愛街、南都戲院一帶的店面，買賣以間計價，不論坪數，一家店面少說七、八百萬。

那時候的「房市」，即便有錢，想買，可不一定「等得到」，也同樣有行無市。

有時，賣方還要挑買家，甚至主動詢問一番，對買家是否「看上眼」，名堂可多了。其時，文化中心一帶，台南市第四期重劃區多數建地，每坪不過一萬、五千元之譜。

即便只是「攤位」，但對郭麒麟而言，卻形同奠基石。

國小一畢業，就投入街頭生意，從夏天挑擔行走，到冬天苦守屋簷，從騎單車踏遍南台灣，到攤販有空就借用，他一直看人臉色，看天臉色，他一直沒有自己的生意據點。終於，因為辛苦打拚，為自己掙到了一個橋頭堡。

雖然，花錢只有買到權利，沒有買到產權，但是，在生意戰略上來講，有了橋頭堡，就可以有不一樣的戰略思考。只有不一樣的戰略，才能賺到大錢，而不是永遠的蠅頭小利。

郭麒麟的第一家布莊店，郭專老先生命名為「隆美布行」，希望他兒子的生意天天「興隆」、布匹件件「美麗」。

台南市的「奇美」企業，「奇美」兩字也是許文龍的父親命名，許父當時取意是，做生意，一定要做到「新奇」、「美麗」，故命名「奇美」。有趣的是，這兩家台南市的成功企業，都是來自父親的命名。

「正式」進駐台南市最熱鬧的「中正商圈」（中正商圈是後起的名稱），恰是郭麒麟真正大鵬展翅的轉折處。

他採用的戰術除了「價格戰」還有「品牌戰」。

他主張「薄利多銷」（價格戰）、並且要求「不二價」（品牌戰），這種戰略，在那個時代，非常罕見。

即便大宗交易，不殺價，並不多見，何況一般零售或菜市場。不過，很多人將時間浪費在無謂的殺價上，買家和店家，並沒有得到太多實質利益。

郭麒麟的戰略很成功，隆美的第一家布莊店，滿是搶購的人潮，經常有客人擠不進去。

錢，就是那時開始賺的，還打出「隆美」的響亮字號。

第一家直營分店落戶

這時，郭麒麟發現，國華街區區兩、三坪的攤位，還不足以讓大鵬展翅。是找新店面的時候，也是擴充門面的時候了。

於是，麻煩親朋好友幫忙，多多留意中正路上的店面，一有退租的訊息，立刻告知。因為，稍一遲疑，很可能就「搶不到」。

店家的生意好，以「搶購人潮」來形容，不難理解，但生意興旺到買、賣或承租店面時竟然有所謂「搶店面」，如此措詞是否太誇張？

回溯到五〇、六〇年代，想要進駐中正路，確實是有相當難度，因為中正路，尤其西門路、國華街、友愛街，一直到「九層樓仔」合作大樓，運河盲段[1]前，真是「一日三市」，不是「價格」一日三變的「一日三市」，而是，每天至少有三波客人。成天有生意做，不同時段有不同的生意，不同類型的客人。像通往中正路的西門路，是金市集中地，白天，不斷人來人往，很多人在西門路發大財。

中正路的東端是台南市政府、市議會，中午，時有公務員利用午休時間，逛街購物。午睡之後，是台南市的「閒人」逛街，吃點心時段。晚上七至九點，是看電影、逛街購物的巔峰時間。

其實，豈只「一日三市」，如果是勤快的店家，營業時間提前，還有一波生意：到「大菜市」買菜之後，把握時間溜達溜達的家庭主婦，「順便」剪塊布料，買兩件小飾品，「菜籃族」的「購買力」可不能小看。

深夜，是宵夜時間，不少台南人睡覺前習慣到街上逛逛，順便吃點東西，還有，一些帶舞女「出場」的，習慣光顧沙卡里巴，大菜市後面，或海安路一帶的飲食攤。

中正路西端，甚而延伸到西門路、友愛街、正興街之間的街廓，經常人擠人，這附近約二十年前，開始有人名諸「中正商圈」。在中正商圈的精華區有家店，幾乎形同擁有一部「印鈔機」。

如此商機，怎可能有人退出？

1 編按：根據維基百科所述，今之台南運河在安平及台南市區各設有船渠，以容納舟船停靠。市區者俗稱為運河盲段，今已填作商業建築中國城。台南運河曾在中正路尾設台南船渠取代五條港。由於船渠延伸入市區內，形狀有如人體的盲腸，因此被稱為「運河盲段」。

在中正路有家店面，賺錢容易，當然很多人搶著要，不過，除了理想，可還要有膽識和實力，否則，光是房租就負擔不起。由於郭麒麟已經有近十五年「行走江湖」的經驗，加上國華街的攤位隨時滿滿的客人，顯然，無論是流動攤販，或「在店」，都已充分歷練。

腳步已經站穩，加上強烈的企圖心，尤其有能耐要求最好的。不過，「心念」和「能力」是兩回事，總得要有相應的機會。

好不容易，等到有家服飾店結束營業。

一九八一年，「隆美」開了分店，「隆美」有了「第一家」直營連鎖店，就在中正路上。

隆美的第一家分店，就開在當時赫赫有名，廣告詞「請大家告訴大家」做得滿天價響的「生生皮鞋」東邊。

三、四十坪的店面，八〇年代，每月租金就要十萬元，那時候，基層公教人員的薪水，每個月不到一萬元。

做生意，有時像在下注，任何生意都有賺有賠，不可能穩賺不賠。當時，年紀小，走街頭叫賣，仰賴的是體力，但是，那賺不了大錢。做生意，有心賺大錢，最後終歸是要靠「資本財」一決勝負。郭麒麟熬了這麼多年，也該是輪到他「下注」的時候了。

六・南征北戰，開疆拓點

從國小畢業就開始上街頭叫賣的日子算起，郭麒麟已有十多年的生意經驗，從真正有自己的店面，開張營業起算，六年就有企圖心構思開設連鎖店，他真是走在當下台灣的先端。

比郭麒麟早兩年，一九七九年五月廿七日，台灣連鎖店之王，統一企業的7―ELEVEN，全省十四家連鎖店同時開幕。一九八六年，第一百家統一超商開幕。一九九〇年，第五百家開幕。目前，全台灣的7―ELEVEN已超過四千家，全世界密度最高。除了一些比較偏遠的地方，連鎖便利商店幾已全面取代之前散布台灣大街小巷的雜貨店。

布料絕對不是生活便利品，當然不能和便利店比家數，但是，郭麒麟的構思和布局，幾乎和這些大型便利店系統同步出發。

隆美第一家連鎖店開張前一年，一九八〇年七月十二日，統一企業中壢麵包廠開始生產，統一麵包加盟店同時開始營運。一九八八年，全省六十六家第二代統一麵包加盟店同時開幕。二〇〇二年，統一麵包加盟店全面停止運作，原來的加盟店，輔導轉型為7—ELEVEN。

知名漢堡連鎖店，麥當勞，比郭麒麟晚三年，一九八四年才進駐台灣，在台北市民生東路開張第一家店。

不過，中正路上的隆美第二店，名諸第一家「連鎖店」，難免牽強。或許可以說是，國華街的店面實在太小，又沒有永久產權，不得不然。不過，一旦了解郭麒麟的思路，尤其企圖心，容或有不同的認定。

俄國大文豪托爾斯泰認為，美德只有兩種：「勤勞與智慧。」[2]

郭麒麟主張，「勤儉是成功之本，但不是成功的方法。」除了勤儉，還要搭配相當的智慧，構思可行的方案，有成功的方法才可能成功。

了解智慧在成功的過程中所占的比重，加上對於個人的知識積累有多少斤兩，頗有自知之明，得能虛心受教。不自滿，不虛驕，才有心補不足，進而不斷吸納新知識。

由於長年保持偷閒閱讀的習慣，研讀不少台灣經營之神王永慶經營企業的理念，並廣泛翻閱國內外的報刊雜誌。進而，透過知識的沉澱，豐富的閱歷，先天的睿智反省之後油然而生的靈感，才不致淪為空想。依循此一思維模式的理性判斷，才是拓展企業版圖的利器。

經營出東亞最大布料百貨

郭麒麟開設直營連鎖店的信念，愈來愈明確。單一店面無法容他展翅高飛，為了高飛，他不斷「細心規畫，大膽執行」。

他的細心規畫在於，他找到別人不會的控管方式，他將他的每一片布匹，都予以編列「身分證字號」。

他的大膽執行在於，他敢開設全台灣，甚至，全亞洲最大型的布匹連鎖賣場，整個賣場上千坪，整棟大樓多達十樓。

郭麒麟的連鎖計畫一旦成功，當年，他用腳踏車走過的南台灣，每一個他叫賣過的「路邊攤市場」，多將被吸引進入，成為他的店面市場之消費者。

2 語出托爾斯泰《戰爭與和平》，王元鑫譯。

他要讓自己提升，他也要讓他的消費者提升。

不久，坐落高雄市「鹽埕埔」，五福四路的「第三家」分店開張。

郭麒麟用心揮灑，將步伐跨出台南府城，並於一九九二年達到巔峰。十一年之間，全台灣共開設十一家，從台北到屏東都有分店，以第六家分店，位在台中市綠川附近的賣場規模最大。

台中市分店，整棟十層樓大樓，每一層樓的樓地板面積約一百坪，總共一千餘坪，是東亞最大的零售布匹賣場。大樓的租金，一開始每個月四十萬元，後來漲到五十餘萬，十年下來，支付租金超過五千萬。光是租金就如此高額，賣場的盛況，可以想見。

布匹零售業，除了隆美，台灣可能沒有其他公司「敢碰」直營連鎖店。

隆美應該是台灣商業史上布匹買賣空前絕後的範例。

其他的業者「不敢碰」，或「做不來」的主要原因，不是資金或是地點的問題，而是怕「被偷」，甚至，很多業主因為已經被「偷怕了」，乾脆小規模經營，好事必躬親。

不少店家，明明知道被偷，可是，防範困難。

舉個最簡單的例子：如果某位店員和熟識的客人串通好，報帳是八尺布，實際上剪了一丈二，老闆怎可能知道？何況，即便「懷疑」也不可能將店員和客人當小偷看待。

難不成要當場強迫攤開重新丈量？

客人如果不願意配合，而翻臉、吵架，怎麼善後？

報案，叫警察？鬧到派出所去？

生意還要做嗎？

萬一老闆弄錯了怎麼辦？道歉，就可能了事嗎？

生意沒做成，可能還得吃官司？

張揚出去，可能因而嚇走多少客人？

如此可以列出一連串問號。

殘酷的事實是，連鎖店的管理稍有疏漏，只要一個店員得手，其他人也都可能跟進，不消多久，店員之間相互通風報信，真的是「得寸進尺」，今天偷剪一小寸，明天就偷剪一大尺。各家連鎖店店員如果連手，吃定老闆，則「頭家穩倒」無疑，更慘的是，「倒得不明不白」。

郭麒麟並非運氣比較好，或不學而能，他也曾經被店員「偷吃過」，他也是繳過「學費」的。

七・土法出招，招招妙用

郭麒麟從小摸布匹長大的，對於布匹的裁剪，終究比較敏感。早先，當他發現「某一匹」布短少，只能夠懷疑被「歪哥」，但店裡少說有六、七個店員，即便能夠「鎖定」（或猜疑）某位店員可能有問題，卻無憑無據，怎可以平白指摘人家作賊，何況一深入追查，很可能會牽扯到顧客。

最早，郭麒麟能夠查到「剪多報少」，除了勤快、運氣，還要加上平日「廣結善緣」所「布建」的人脈。

當發現有布匹被「剪多報少」的狀況後，多方訪查，終於從「家庭洋裁」那裡追蹤出線索。

介紹「家庭洋裁」，原來只是單純服務性質的介紹。布匹賣出去的同時，往往得幫客人介紹擅長不同手藝的裁縫師傅。類此上下游配合的合作關係，讓郭麒麟和很多裁縫師傅頗有交情，師傅們也樂於回報。

有了這層管道，理出線索之後，查察的過程「很簡單」，確認哪一匹布短少，那位客人剪多少布，付多少錢，在裁縫店追蹤到布料，兩種資料一比對之下，就可以查出，到底是「哪位」店員經手。

不過，事後的「追查」，雖然有「遏阻」作用，但未免消極，且當面難堪，太傷感情。何況，只能夠抽查，還得碰運氣，更不可能全面澈查。

如何全面的，積極的預先防範？

終於有了好點子，從「緊要處」下手，在後勤的「倉儲作業」動腦筋，從這個切入點研議出：

只要每一匹布給一個「身分證號碼」，讓每一碼布都有編號，「不就得了」！

有了「身分證」之後，哪一位店員哪一天剪過哪一匹布，剪了幾碼，剪哪一段，透過「身分證編號」，比對發票一清二楚。

「身分證」的點子，腦筋轉個彎、靈機一動罷了，說來輕鬆，但倉儲的「前置作業」可非常繁瑣。

十一家連鎖店，總共兩千坪賣場，加上庫存，少說有幾萬匹布，全都要丈量、建檔，想想，得花多少人手，多少時間？

曾經有同業想學，郭麒麟也不藏私。一聽解說，都嫌麻煩，做不來，只好由自己人固守一家布莊，也只有眼睜睜地看著「隆美」憑著獨門功夫，快速壯大。

郭麒麟在生意「做大」和「怕偷」之間，硬是找出克服之道，發展出自己的道理，當然，這當中還有一個最重要的「不怕麻煩」，才有可能建立出他的布業王國。

要想「做大」，除了發明「布匹身分證」的妙方之外，還有一個重點也值得介紹。那就是郭麒麟的直營連鎖店，打從一開始就「不逃漏稅」。

「隆美」不逃漏稅，每一筆交易都清楚登錄，開立發票，如此一來，等於是「內部控管」的布匹身分證，正好可以和「外部繳稅」要用的「發票」互相勾稽，這不但可以有效列管，更不擔心因為「繳稅問題」被離職店員恐嚇勒索——因為誠實開立發票，曾經榮獲中華民國全國商業總會頒發的「金商獎」。

還有，打從「寄居攤販」時代，郭麒麟就堅持「不二價」，隨著一家家連鎖店開張，「不二價」也充分發揮有效的管理功能。否則，一旦同意客人殺價，可能全盤失控。

這理路至明，因為，一旦棄守不二價的原則，給客人殺價空間，可是事實上，到底有沒有殺價？或給多少折扣？誰知道？然則，每一筆收入都亂了套，還奢言控管？

隆美在管理上的設計，原來的動機，主要著眼於控管的方便，不意，正確的第一步，公司經營文化儼然成形的同時，也為往後事業版圖的開拓，奠定了扎實的基礎。

易經有云，「君子以作事謀始」，講的就是這個道理。

一開始，就走正路，走久了，路就走大了，走寬了。

給每一匹布身分證的「獨門絕活」，是行走江湖幾十年的郭麒麟兄弟倆「研發」出來的「土步」。近年來，「隆美」的招牌愈來愈亮眼，知名財經雜誌，大學的管理學系，相繼邀請郭麒麟講述他的「企業理念」，尤其「管理哲學」。與聞個中奧秘的學者、記者敬佩之餘，深感引經據典做研究，列出漂亮統計數字或圖表的紙上作業，與小學畢業但卻「真刀實槍」在商場上幹活，甚至「廝殺」一片天出來的「社會博士」，其相去真不可以道里計。

有人更是佩服，在那麼早的時期，郭麒麟就懂得要賺「管理財」。金融海嘯之後，很多行業都進入殺價殺紅眼的紅海市場中，很多人開始標榜，未來的生意，是靠「管理財」在支撐。

布匹編號，仰仗的就是「管理財」，它需要大量的「資訊管理」，與即時掌握及時更新，在電腦設備不普及的年代，隆美的做法，真是著一先機。

八·走出本土市場，轉向國際化

郭麒麟在事業拓展過程，除了長期以「便宜」法門招徠客人之外，他更是不曾須臾或忘「進口高級布料」以獲得「高利潤」。

一家專賣便宜貨品的商店，生意雖然很好，然而，很可能利潤並不高，或許可以是薄利多銷，不過，可能不太容易打響「知名度」。

當下，一般消費者的認知，「高知名度」很可能是「高誠信」的同義詞，對業者而言，「高知名度」往往也等同「高利潤」。

例如，在廉價市場的攤商賣「黃金」，即便是「千足純金」很可能被誤以為是「紅銅」，甚至被誣詆為「金光黨」。在跳蚤市場的「古董」，不無可能被視為贗品。以「天珠」為例，經現代科技成型、設色的「天珠」，一般藝品店、廉價市場裡幾百塊，上千元可以買得到，但「貴婦們」光顧的「精品店」，可能幾十萬，甚至上百萬元成交。

生意場上不但現實，而且客人的思慮可能多非常「淺碟」，然則，店家的「名氣」，往往等同「聲價」——「聲譽」加上「高價」。

如此世風披靡之下，品牌、名氣，常常是以銷售昂貴商品打造出來的。

或是心理因素使然，當一家店有了一定的聲名之後，即便價格抬得再高，利潤再不合理，由於聲價已然等同不二價，加上很多人「交相比較」的虛榮心作祟，具體呈現的是「貴的飯菜比較好吃」的消費習性，使得「名牌」店裡，客人總是面不改色地競相掏出鈔票購買高檔貨，反而是辛苦小販，往往三件才兩百塊錢，還被挑剔老半天。

回應顧客心理，店家立場，只要不是贗品，只要貨品實在，當然盡可能

「迎合」他們的「價位」，滿足貴客的心理才比較容易賺大錢。

價格高，營額大，現金流動可觀，利潤更是可觀。

追求利潤，是商人的最大目標，也是一種「商場使命」，郭麒麟經營大賣場的同時，也將重心朝向國外的高檔布料。

郭麒麟為了訪尋布料市場的「精品」，為了找出令國內「高消費」族群眼睛一亮的新花樣，不懂外語的郭麒麟，經常跑日本、歐洲，直接找廠商看成品，當面議價。

只有小學學歷，不懂外語，卻要出國採購，而且，交易的金額往往驚人，郭麒麟到底是怎麼辦到的？尤其，郭麒麟出國找貨品，談生意，為了節省旅費，總是自己一個人，千山萬水我獨行，從來沒有祕書，更沒有助理。

這，好似讓人覺得不可思議。

言語不通，地頭不熟，一人獨闖，這可不是暴虎馮河，光是膽子大就可以，況且，面對的是完全沒有交情的陌生外商，隨時都可能被坑，更是不容半點孟浪[3]行事。

這些問題，對郭麒麟而言，都不是問題，甚至，很簡單就可以解決。他認為，只要行前妥善規畫，像語言的障礙，「只要」出發之前，透過旅行社，和當地的台灣辦事處聯絡，要他們安排「台灣去的留學生」當翻譯，「就可以成行了」。

郭麒麟很清楚，自己走出國門，是去「看商品」，是去「談生意」，不是要玩樂，更不是要享受，只要看得到質地精美、價錢「便宜」，可能有高額利潤的布匹，目的就達成。如果沒有達到目的，語言再好，景色再美，對他而言，毫無意義。

人，如果目標明確，又能心無旁騖地朝著目標邁進，周遭的困難和干擾，常常會很自然的消失，或是變得不重要。

郭麒麟就是秉持這種心態出發，信心十足地獨自出國開闢另一個寬廣的市場，開拓更鉅大的財源去。

目標明確而清楚，找國外的布料精品，為公司爭取利潤，其他的，並不重要，因此，語言障礙，環境陌生，商戰險惡等等，對他而言，都不是問題，都是可以忽視，克服的，以他多年的商場經驗，有自信能夠應付，最後的結果也證明，正因為郭麒麟的膽識才足以成大器。

事後省思，以當時「隆美」的規模，郭麒麟確實非走「進口」路線，尋求高利潤不可。

因為，他的「店面規模」已經大到國產品根本擺不滿的窘境，為了「店面又多又大」布匹量的需求，為了「客人層次」不斷提升等等現象所連動的可預

3 編按：孟浪，在此有魯莽之意。

期的另一種市場樣態，為了應付「市場競爭」壓力等等，整個事業體興衰的重大課題，然則，追求更高「利潤」，走向國際，走出坦坦活路，開闢更豐沛的活水已是「隆美」的不二選擇。實際營收，一般的台灣布匹，毛利百分之三十到三十五，進口布料，約百分之四十五，兩者頗有差距。

郭麒麟的隆美王國，就在這種「英雄造時勢，時勢造英雄」的相互推激之下，一天比一天壯大，一天比一天成長。

創新銷售，開架經營

除了空前絕後的著眼於高檔，高利潤的布莊連鎖店，隆美還創新營業方式。

早年布行的擺設，像老式的非「開架式」的圖書館，藏書都放在書庫的書架上，看不到、摸不到，更不可能流覽內容，遑論陶然書香之中。或是先天的氣度，或是常常出國所培養的開放心胸，郭麒麟首創布莊開放式「看布」的模式。

隆美的布匹擺放的方式，絕大多數都放在矮櫃上，客人可以自行抽出，隨意看，隨意摸。不擔心弄髒布匹，或摸壞了布。讓客人在攤開、觸摸的過程中，充分感覺布的質地。如果想體會穿在身上的感覺，還可以將布披在身上，對著鏡子照看，感覺更實際、更正確。

這種客人可以自行張開布匹的經營方式，隆美首創，不但方便選擇，也節省大量人力，一位員工可以招呼好幾位客人，同時提升客人的購買意願。

單單這樣一個「小小的」開放，開架式的決策，又帶給「隆美」再一次營業攀升更高峰的成長。

九・帶頭進行窗簾革命

任何行業都有一定的生命週期，隨著週期的起伏、興衰，不難看到個中業者的起落。

十九世紀歐洲最有錢的富豪，其致富的產業是「製造火柴」，當時「火柴製造商」富有的程度，是有錢到國王缺錢都還要找他們，開口向他們借貸。幾經時空推移，而今想買火柴並不容易。

二十一世紀流行的電子產品，以愈開發、存活期愈短的速度在推進。商品的生命週期，每每逼得身為掌舵的人，必須時時刻刻敏銳地留意周邊的相關變化，好即時調整步履，以免稍一恍惚，竟而慘遭「滅頂」還渾然不知。

布匹生意當然有其生命週期，郭麒麟在商場上多年練就的敏感嗅覺，即便才身處事業的高峰，還是讓他感受到，時機愈來愈不一樣。

他必須求變。

從布匹到窗簾的轉型之路

當布匹生意，在「成衣市場」成為全球化、普及化、多樣化，且日益興盛蓬勃發展的當口，郭麒麟就嗅到危機，尤其，數據會說話，布匹的成交量更不斷的提醒他，再不好好腦力激盪，想出好辦法，「隆美」二字將岌岌可危，可是，郭麒麟也很頭痛，做了一輩子的布匹生意，別的生意完全不熟，隔行如隔山，年紀大了要再重新摸索，談何容易？

從單純在賣場交易的「布匹」買賣，轉進到客人私密的「現場」，此一包含「零售」、「製造」、「售後服務」的行業——窗簾，那可是完全不一樣的經營型態。

剛轉型時必然有陣痛，加上市場不可能善意等待或給予過度期，然則，一旦轉型，一進入窗簾市場就必須立即上路。

隆美剛起步，就面對問題重重，邊走邊摸索，最初那兩、三年，一年繳交的「學費」高達千萬元。市場的拚鬥、廝殺就是這麼殘酷，這麼回事。一路從社會底層「打拚」上來的郭麒麟，早有心理準備，坦然因應。

轉型，之所以選擇窗簾產銷，乃因從事布匹買賣，也供應窗簾業者布料，對窗簾市場的狀況，多少了解，加上窗簾的主要材料——布匹，是郭麒麟撫摸四十年，最貼心的老伙伴，無論材質、價格，以至於貨源的掌握，當然早已熟門熟路，這方面的功力，遠遠超過窗簾同業。國產布料的諸多廠商，大都是老交情，何況轉型後，窗簾的用料更大，有寬廣的議價空間。至於比較高級的舶來貨，當隆美發展到百家連鎖店的規模時，進貨量非常可觀，根本不必自行到國外採購，國外織布廠會主動派業務員，到公司招攬生意。

不過，縱然對於布匹再了解，再有把握，還是繳交了可觀的學費。

因為對布太過於自信，轉型伊始，就挑選好圖樣，從日本訂做十萬碼布，印了五十組花色——隆美出手，終究不同，但客人竟然不能夠接受，原來衣服的色澤或花紋，與窗簾布的美感需求，頗有落差。衣服無妨花花綠綠，甚至大紅大綠，但窗簾的色調大多以素雅為主。這十萬碼布，成本高達七、八百萬元，熬了好幾年好不容易才「銷完」。

至於布匹以外的材料，像五金類，可是一個全然陌生的領域，何況同業充分了然，布匹零售市場的龍頭——隆美經營連鎖店的揮灑方式，一旦隆美加入窗簾市場，不但多了一個「超級同業」，且整個市場運作的慣習，只有全然翻轉，因此，當隆美一踏進市場，就遭到同業的聯合抵制，甚且「夾殺」。

例如，張掛窗簾的軌道及其他配件，同業要求製造廠商不得供料給隆美，甚至隆美和原來的窗簾業者之間，「逼」廠商二擇一，同業「回應」之強烈，可見一斑。剛開始，隆美窗簾還很稚嫩，用料還不是很多，對五金物料商而言，誘因不大。為了解決貨源問題，郭麒麟只有耐心多跑幾個地方，直接找工廠，說盡好話，或祭出最後的手段，動之以利，不得不以較高的價格來打破聯合抵制的困局。當時，隆美取得配件的成本比其他同業高，雖然布匹的進價可以適度彌補，不過，相互抵銷之下，還是不得不犧牲可能的利潤，竟而虧損好幾年。

其實，同業的擔心並不唐突，因為隆美的加入就是台灣窗簾市場「變革」的開始。

顛覆同業舊慣習

早年的窗簾業者，多屬「家庭式」的，招徠生意後，少數自行縫製，多數交給代工廠處理，規模也都不大，因此，不少做裝潢的木工師傅，或賣地毯的業者，都可以兼賣窗簾，待隆美加入窗簾市場，整個市場結構很快改變，有的甚至被淘汰。

之前的窗簾市場，無論價格或利潤，都「烏墨墨」一片，由於殺價的舊慣習，議價空間非常之大。例如，一口窗的單價，有一台尺二十元，也有一台尺兩千元的，相差百倍。外行人怎可能分辨出做工高下？材質好壞？那，全然外行的消費者該當怎麼殺價，才不會被當冤大頭？還有，窗簾的面積，該當怎麼計算，也直接關係到價格的虛實？消費者怎知道尺寸到底有沒有灌水？這些困惑，只有依循市場機制解決，透過廠商的自由競爭、競價，甚至淘汰之後，才可能殺出合理價位。

進入窗簾市場之後，延續隆美布行連鎖店的經營原則，仍然採取全面標價，全面不二價，價格透明化等等策略，並改變原先以尺寸核價的老規矩，採取以「窗」計價的模式。例如，六乘六台尺規格，比較高檔的窗簾，隆美加入之前有一窗五千元的，甚至有「喊」到一萬的。由於強調利潤合理化、透明化，並壓低利潤，且公開標價，其他同業不可能不跟著調整，導致市場運作型態快速變化，最明顯的是，價格平均調降約三成。

流傳在隆美員工之間的一個案例，或可凸顯價格之懸殊：台北某一棟著名大樓的客人，看中隆美進口的一種英國布料，隆美估價總共五十餘萬元，但庫存的布料不夠，客人不中意其他樣式的布匹，於是剔除客廳的六、七口窗，另行向其他業者訂購，光這幾口窗簾就支付兩百萬。顯然，舶來品的訂價，並無一定標準，不過從上述實際的交易結果可以了解，兩家窗簾公司的單價，相差可能不只十倍。

為了滿足百家連鎖店巨大的銷售量，隆美採大批進貨，進料便宜，運費也相對節省。不必支付大盤、中盤商的轉手利潤，和一般家庭式的窗簾店，成本的差距相當大。尤其進口的高檔布料，議價空間更大。隆美是國外廠商直接到台灣下單，一只一只貨櫃海運進口，相較之下，一般規模較小的業者得自行到國外採購，量少且多採空運，各項支出跟著增加。

布料的進價，落差甚大——即便大量進口，可有一定的庫存風險，因此一定要選對貨色，由於布匹是郭麒麟的專業，了解窗簾的一些基本需求後，閃失小，庫存風險少，同一種布料，隆美的價位自是比一般窗簾店低廉。

例如，進口布料，有喊價一碼一萬的，一口窗使用九碼布，光是布料就要價九萬元。一般進口布，隆美最高檔的不過兩萬五，落差之大。市場，因為隆美加入，不得不適度調整價格，更可見之前同業聯合抵制、中傷，其來有自。

變革窗簾市場「議價」型態的同時，郭麒麟也「顛覆」傳統業者的「展售」模式。

以往，訂做窗簾時，只能看到幾方小小的樣品布。然而，樣品布的布紋、色澤和整匹布的視覺效果，對外行人而言，可能會有「誤差」。一般人的經驗無從就小小的樣品布來辨識，想像大尺碼布匹的實際質感，因而，訂做時所看到的，窗簾型錄上「美美」的照片，和完工實際張掛在自家門窗以後的感覺，落差相當大。有不少人看了成品之後，覺得色調不對，花紋不符，甚至窗簾的造型比例怪怪的，和原來想像的頗有距離而後悔不已，此時，除非花錢重做，否則強要接受，難免一見窗簾就嘔氣。但縱然重做，看到成品之前，誰能夠保證一定滿意？

隆美加入窗簾市場之後，全然改變坊間窗簾店招攬生意的模式，最明顯的是店面的布置截然不同。首創在現場展示一兩百口窗簾成品，包括不同布料，不同樣式。不論內行與否，既然有現成樣品可供參考，將來張掛在自家門窗後的感覺，比較不會出現太大的落差和嘀咕。

提升窗簾品質與供貨程序

價格、展示的變革之後，二〇〇二年還有新名堂，引進遮光率達百分之九十九，創始於日本的窗簾布，因為這種布料由三層材質組成，命名為「三明治窗簾」。不只遮光效果好，還有阻絕熱能的功效，可以減少冷氣機的耗電量，亦符合節能減碳的環保要求，這幾年市場需求相當大。約占市場用料的七成，郭麒麟也占得機先。

至於買賣窗簾的作業程序，從選布料、花紋、顏色，一直到丈量尺寸、決定式樣，以至於完工送貨，及售後服務等等，每一個環節都由隆美的員工自行處理，並不轉包給下游，而且，透過電腦連線，管控精準。這一套電腦程序，當然也是郭家的獨門絕活。曾經有電腦公司好意嘗試協助，研究是否可能發展出效率更高的運作軟體，但進駐隆美觀察三個月之後，知難而退。

由於採取「中央倉儲e化供貨系統」，各連鎖店收件後即將相關資料透過電腦，傳輸到隆美總部，並由「中央廚房」統一製作。快速交貨，市場價格透明化、合理化的同時，提供消費者更多選擇機會，也是功德一件。

窗簾成品，隆美原本委託貨運行送達，後來出現遺失、折損等問題，當連鎖店達到相當規模後，乃籌組貨運車隊自行運送，約省下兩成運輸成本。

當外包、派遣工風行的當下，隆美充分評估之後，成品運送工作「收回」自己來，也是企業特質之一。

熟悉新商品，充分了解新市場，繼而掌握新客人的偏好，待公司的步履穩當之後，連鎖店以每年約十家的頻率快速增加，一度達到一百零三家之多，後來，因不斷考核各個據點之後，略有增減，還有店面續約的問題，也必須稍事調整。二〇〇九年，台南市有七家，全台灣總共九十五家，都是直營。初估，隆美在全台灣布點的飽和量在一百二十家之譜。至於是否繼續擴充，或緩慢步伐，都在掌控中，何況時處金融海嘯勢頭，更不能不審慎。

因連續多年景氣影響，加上房租問題，連鎖店家數難免變動，二〇一三年秋天，總共八十六家。仍持續評選，遇有好地段，還是會新設點，全台隆美以一百家為目標。

始終堅持直營連鎖

正因為審慎踏出每一步，隆美事業版圖的開拓和規模，從房租到人事開銷，多少可以讀出端倪。

上世紀九〇年代，隆美布行開設十一家分店時期，員工約一百二十位。二〇〇九年隆美窗簾，近百家分店，三百八十位員工。二〇一三年秋天，員工人數還是維持在四百人上下。

從這些數字，或可解讀公司的成長。

非但不盲目擴充，郭麒麟之所以採取「比較麻煩」的直營模式，導致必須負擔高額的投資成本，而且投資的一分一毫都是公司自行籌措。相對的，如果採取目前流行的「加盟店」運作方式，各分店的投資，不但不必由母公司自行拿錢出來，母公司反而可以先行收取「權利金」。

郭麒麟之所以「自找麻煩」，捨得投資，不想賺可觀的權利金，除了延續布莊連鎖店時候的思維，更因為窗簾除了零售，還涉及製造、安裝，及售後服務等等步驟，工作內容比較複雜，時間拖得相當長，更可能衍生客戶的身家安全問題。如果開放加盟，大家都是老闆，大家平起平坐，萬一加盟店出狀況，總公司怎麼要求？何況誰願意被指揮？如此一來，怎可能有效控管？即便只有一家出狀況，勢必影響到整體公司的信譽。

與其汲汲於先期「單純」拿到可觀的權利金，不如走「比較麻煩」，穩紮穩打的路反而舒坦，何況，已經可以預見一些棘手問題。

終究「直營」與「加盟」之間的利弊得失，走得是否安穩，但看個人拿捏。

直營，投入的資金都是自己的錢，不可能不審慎，因此，隆美的步調相當穩重，反映在市場占有率，其實才近一成罷了。業務或連鎖店之所以沒有更大幅度擴張，乃「計價原則」的堅持，因而客戶層偏重在汰舊換新，或業主自行選購的這一區塊。量比較大的販茨（或作「販厝」）[4]，議價過程比較複雜，還有，設計師處理的那一區塊，是另一種業務型態，屬性不同，隆美並不主動接觸。

賣窗簾是門學問，個中名堂不少，其中信賴，竟也是必須接受嚴格考驗的一道關卡。

近年來，台灣的治安持續惡化，誰放心外人出入家裡？尤其「富有人家」怎願意讓不熟識的人進到家裡丈量門、窗？

坊間傳聞，某地方的醫生世家，家裡的窗簾都已老舊不堪，還是不願意更換，地磚壞了自己處理，為何如此難堪？因為，曾經找過師傅來家裡修東西，師傅進門之後，竟然一間房間一間房間仔細瞧瞧，瞧得老醫生心裡發毛。

從郭麒麟講述的此一案例，可以想見，「品牌」所延伸的「信賴感」對於目下台灣，對於產銷服務業所突顯的意義。

品牌，恰是郭麒麟創業以來的執著，從事業草創時期，路邊攤的薄利多銷、不二價，到進口高檔布匹，高利潤的「印記」，都是隆美不同階段的調性，原則一貫。

品牌在一定的社會情境下，更是保障利潤的同義詞。

花錢打廣告，建立品牌的知名度，同時植入信任感，正是大型窗簾業者第一個標的。第一線的業務員，代表隆美和客戶洽談生意，隆美必須概括承擔相關責任。為維護顧客的身家安全，對於新進員工的遴選非常慎重。優質的作業員，並非「與生俱來」，然則新進員工的言談、應對，可都要經過一番職前培訓；品格操守更需要持續驗證。

顯然，賣窗簾、賣品牌、賣觀感，賣的也是郭麒麟長年建立的社會形象。郭麒麟很安慰的是，沒有出過事。不曾出事，絕非個人的能耐，主要建立在平日的管控，以及每三個月一次，各分店員工分批回總部的再教育。「平安符」，顯然是要長時間持續下工夫求來的。還有，公司設有顧客服務投訴專

---

4 販厝指「成屋」，蓋好準備出售的房屋。

線，只要逾越分際，查證屬實，三次就開除。另一道管控，公司會透過電話，及到府訪查，主動了解顧客的反映。因為透過不同管道持續監控，才可能維持「聲譽」。

新時代挑戰一直都在

當事業再次攻頂，不能不同時思索：下一步，該當怎麼走？

一般人難免困惑的是，都已經e世代了，很多產品早已「規格化」，商人透過國外的代工廠大量生產，由於原料和工資都比較低廉，可以大幅度降低成本，為什麼量販店裡還沒能夠買到便宜，方便自行組裝的窗簾？隆美，以及坊間小型的窗簾店，為什麼還有存活的空間？答案很簡單，因為「建築材料」還沒有規格化。

由前麻省理工學院建築系主任哈布瑞肯（J. Habraken）教授發展出來的「開放式住宅」理論可以了解，原來，建築材料是可以「量產訂製」的。從此一學理發展出來的建築材料和衍生的空間：

「在限制之下提供自由，在有限之中生產無窮，在一致之內呈現多樣。」（引自王明蘅，一九九五。）

不過，理論的提出和落實之間，總有段相當時日。由於建築材料規格化，量產的理想，還沒有「充分布局」，因而一般房子的建材也還沒規格化，乃至門窗的大小、寬窄、方圓，格局五花八門。否則，一旦建材規格化，有能力大量生產的廠商壓低售價，消費者到大賣場購買價格便宜，安裝方便的窗簾自行處理「ＤＩＹ」就是了。一旦建築潮流和需求演變到如此田地，一般窗簾業者不堪競爭，只有急速萎縮，甚至快速從市場消失——就如同幾年前，大量、便宜的進口成衣和傳統布行、裁縫店，此消彼長的進場、退場模式。

隆美擁有百家連鎖店的規模，賣場寬廣，又有自己的通路，在這兩個基礎下，窗簾之外，或許可以發展出一些「新商品」。

事實上，郭麒麟很早就思考同時經營「宅急配」的可能。雖然有點子，但「看得到，做不到」，終究不能不考慮到自家公司的「規模」和「實力」。即便難免「看有，食無」的無奈。

貳

處世態度

一・危機即轉機

「符合客人需求，配合時代潮流，更要領導流行。」

——這是郭麒麟立足商場的座右銘。

若非長期不斷用心觀察潮流，查覺到大環境的可能變化，或即便知道大環境已經變了，卻畏怯、不敢變、不求變，甚且盲目、不捨，固守所謂的「本業」，或孟浪改變，那麼「隆美」二字，可能不曾出現，或早已從市場消失。

出生在海邊，長年深切感受周遭環境的明顯變化，「智者樂水」，大自然日積月累的涵養，或「與生俱來」，潮來潮去，行事「看流水」的因子使然，郭麒麟查覺，台灣的大環境，在上個世紀九〇年開始竟快速轉變。

台灣安然度過七〇年代初期，因以阿戰爭引發的石油危機之後，國民平均所得逐年提高，工資跟著調升，像泥水匠、木工師傅每天的工資，曾經高達「一工」兩千五百元，而且「主家」如果堅持不「統包」，不「帶料」還不一定找得到師傅，可見，實際工資遠高於兩千五。工資高漲，傳統工業代工外銷的競爭力跟著衰退。

七〇、八〇年代，扮演世界加工廠角色的台灣逐漸退場的同時，價格低廉的外銷成衣隨之大量回流到本土市場。

工資高漲，買布量製洋裁或西裝的工錢，竟然比布料貴，甚至比成衣的售價還要高。既然買成衣比起訂做衣服便宜又方便，除非特殊狀況，或特殊客人，否則，有誰願意自找麻煩，多花錢、花時間到布行選購布料之後，麻煩布行介紹裁縫店？甚且市面上已經難得找到可以量身訂做的裁縫師傅。

台灣的大環境已變，郭麒麟從隆美布行每天交易的日報表，了然於心。整個布匹市場，當然也立即反映出來，短短幾年之間，台南市從原來的兩、三百家布莊快速萎縮，在一九九三年前後，剩下不到一百家。

「經過長時間的潛修才可能頓悟，才可能在關鍵時刻冒出智慧的火花。」

盱衡時勢，是斷然放下兩代經營近半世紀販賣布匹的老本行，是轉型的時候了。不過，「布行轉型」，可大有學問。

出清庫存，優雅退場

一九九〇年代初期，隆美擴充到十一家連鎖店，九三年，全台灣布莊的家數快速滑落，約三分之二結束營業，可見大環境的勢頭已明顯改變。即便才剛達到隆美布莊的巔峰，但郭麒麟絕不盲目的陶然於眼前，一旦察覺情況不對，就勇於「求變」，於是在一九九四年，「嘗試」在六家分店推出窗簾展售。原來的賣場，仍有一半空間繼續布匹零售。

分階段轉型的考量，除了著眼於放慢步伐，試探、了解產銷結構，在窗簾市場站穩腳步，一如長年來的作風，充分掌握狀況之後才邁開步履。另一方面，「低調」轉換跑道，才可能出清庫存。

雖然決定轉型，不過布莊可不同於一般生意，布莊尤其頗有規模者，不可能說停就停，因為，大量庫存必須出清。十幾二十年的老本和盈餘，很可能全都在「倉庫裡」。

當存貨妥善處理到一定程度之前，可千萬不能張揚，可能拖多久，難以預測。正因為不一定想收場就能夠順利收場，一旦布行「收攤」的風聲傳出去，客人基於觀望，撿便宜的心理，「結束營業」初期，生意一定非常冷清。客人是否上門光顧是一回事，一家店每天只要店門一開，就是幾千元甚至上萬元的固定開銷。熬了幾個月，幾十萬、上百萬元耗掉了，再下去怎堪負荷？為了急著脫手，不得不一再降價，原本一碼可以賣到三百元的布，降到最後，可能是三、四十元的「跳樓價」才好不容易「殺出」。

不少稍具規模，尤其存貨較多的布行，就是這樣倒閉的——這可真是名副其實的「跳樓大降價」。

隆美轉型初期，十一家店面，台中的「大賣場」之外，每家店展示的布匹，少說值七、八百萬元。庫存布匹的市價，總共高達一億六千萬元之譜，如果被迫壓到一折殺出，甚至滯銷，短短幾個月收入短少一億餘元，將是若何景況？正因為謀定而後動，一開始只部分空間「嘗試性」的推出窗簾展售，加上口風緊，避免招搖，才可能成功清倉。

目前，剩下微不足道的兩三百萬元布匹現貨，包括陸續添進的少量商品，恰維持中正路上隆美僅存的一家布匹零售店的展售業務。在老商業區依舊保有據點，當然盤算著哪天在中正路上再度發光。

抓住窗簾市場商機

優雅退出布匹市場後，風光轉進窗簾。

由於經常出國，勤於閱讀而能盡早體察時勢的變化，加上習慣動腦筋，九〇年代初期，郭麒麟敏銳的鼻子再次嗅出整個台灣的大環境流露不同氛圍，顯然是多方觀察，好生思考的時候了。

龐大的事業體該當隨著潮流怎麼轉？怎麼應變？

第一個浮現的念頭，當然是什麼行業和撫摸幾十年的布料有最直接的關係？

依循此一途徑思索，可以碰觸到什麼？

可能引申出什麼？

行走街上，昂首張望，一排排嶄新的街屋。

呵！台灣的天際線變了，而且畫面不消幾個月就大幅度更新，改變之快，令人驚嘆。

導致布料市場成為明日黃花的主要原因——台灣經濟起飛，以及國民平均所得提高，讓很多人有能力購買新房子，雖終結了布莊，卻讓郭麒麟嗅出求變，找出活泉的契機和新「市場」。

台灣經濟起飛之後，且看街上高樓連棟而起，還有，近郊的農地、漁塭，陸續填土，土地重劃，一大片一大片「販茨」競相推出。新房子多，一些老房子也跟著重新裝修，加上不少人由於充分配合經濟起飛的步調而快速致富，賺錢容易，因此出手闊綽，當然得講究體面，重視住家和公司的裝潢。此時，原本不起眼的行業──窗簾，拜景氣之賜，因建築業的榮景而預設可觀的業績。

早年，舊式的住宅，門窗較小，不太需要裝窗簾。比較富有人家才可能有窗簾，而且窗簾並不一定是布做的，早期有竹簾，五〇年代開始一直到晚近有塑膠片疊合的窗簾。一般人家如有需要，可能買塊布，張掛在門窗湊和湊和。比較節省，或經濟狀況較差的，可能選用毛玻璃，或貼報紙，以區隔內外，保有隱私。

收入好，加上房子的樣式改變，窗簾成了室內設計視覺的重點。窗簾的質與量，遂配合景氣的榮景相對提高。

經營布莊連鎖店，因創立「身分證」制度而昂揚於傳統市場，當轉進到窗簾，也能夠快速揮灑出一片天，不意發展到百家直營連鎖店時，隆美竟再一次面臨嚴峻考驗。

逆勢操作，將SARS災難化為助力

二〇〇三年，四月九日，台北市立和平醫院發現台灣第一個SARS病患，即嚴重性呼吸道症候群病例。SARS，嚴重性呼吸道症候群，或稱非典型肺炎，罹患者死亡率高。非典型肺炎來襲，新聞媒體每天大篇幅報導：哪處大樓被封鎖，全部住戶不得進出，哪家醫院有疑似感染源而封鎖，哪位醫師、護士感染，甚至不幸罹難，不但台北出事，連南部的高雄長庚也遭到重創。

SARS攪得全台人心惶惶。

為了「抗煞」，政府很快的增添設施，成立抗煞專門醫院，規畫安置公寓，公共場所出入口強制量耳溫。世界冠狀病毒權威學者，出生台南府城的賴明詔（後來擔任成大校長）返鄉，協助抗煞等等。

當時，全台灣烏雲籠罩的情境下，大家盡可能不到公共場所去，導致有婚禮延後的，有畢業恰屆滿二十年、三十年，早已安排好在美國舉行的校友團聚不得不喊停，有大型展演活動被迫認賠取消的，影響所及，幾是各行各業遭到重擊。甚至，為了避免接觸感染，握手的社交禮儀，也是忌諱，如果不識相伸出手，不只唐突，且對方可能僵著，手並沒伸出手來，實難免一場尷尬。

人人顧及自己的身家安危，人與人之間的「距離」不但拉長，卻也同時圈圍起一道道藩籬。

普遍的危機意識，演化出的不信任感，隨著整個大環境惶恐不安的氛圍而深化——氣氛之緊張。

既然盡量避免到公共場所，盡可能避免和人接觸，如此「神經緊繃」、隔離，近乎阻絕的情境下，一般人家怎可能想到在這時節更換窗簾，讓外人幾度進出家門，丈量門窗尺寸，敲敲打打的？

恐怖的ＳＡＲＳ，恐怖的殺傷力，所向披靡，市場一片冷清。

ＳＡＲＳ傳染到台灣的第一個月，隆美的生意就重摔五成多，物料的成本，只有倒貼。情境之險惡，豈外人可能理解。

營收可能再探底？

肅殺之氣可能持續兩個月、三個月、半年，甚至一年依然不起？

對公司可能造成多大影響？

從風浪中走過來的郭麒麟，在關鍵時刻指揮若定，立即啟動因應措施。首先是撙節管理費用，高級幹部率先減薪的消極作為之外，斷然推出原已準備妥當的「奈米光觸媒」新商品。

在危機中，郭麒麟又展現他「逆勢操作」的長才，積極行銷新產品，多少替代原有市場，維繫營收，避免營運量再探底。

由於長年來保持廣泛閱讀的習慣，對於業務相關，尤其布製品的新知，有系統的整理、研究，進而構思引進，及「新舊相融」的可能。

在SARS疫情發生之前，郭麒麟曾經在雜誌上讀到日本研發出奈米光觸媒新產品的相關報導。布匹經過光觸媒處理之後，遇到陽光產生的效應，在一定的期間內可以殺掉室內的細菌，從而避免塵蟎的糞便附著在窗簾、地毯、床巾等等媒介，所引發的皮膚或呼吸器官過敏。

奈米光觸媒具殺菌效能，獲悉這個訊息後，郭麒麟內心了然，這是窗簾市場競爭的利器，即進口原料，並完成上市前的試驗工作。SARS發生之前兩個月，已做好準備，就等上市的時機。原本是要「抗過敏」用的，不意SARS一爆發，因具有「殺菌」的功效當然可以配合對抗SARS而大力宣傳，遂立即推出，SARS的殺傷力反成為新產品的助力。

逆勢中推出新產品，仰賴強力的企畫和行銷。談行銷，最便捷的宣傳途徑之一，當然是召開記者會。新聞記者之所以願意配合，除了著眼於SARS期間業界如何自力救濟的「新聞性」和鼓勵業者之外，郭麒麟還有個一般生意人不太可能享有的方便是，他長期投入社會工作，平常就在「鋪橋造路」，和新聞界相當熟，也頗有交情。因此，當隆美在非常時期推出「抗煞」新產品，舉辦說明會時，新聞媒體記者頗捧場，多家報紙大篇幅報導，在新聞版面打出有效的「免費商業廣告」——新聞版面比起廣告版的廣告，閱讀率乃至宣傳成效迥然不同。這是郭麒麟危機處理能力，以及平日積累人脈，得能將傷害降到最低的一個案例。

成功的行銷工夫也好，產品的功效也罷，終究結果是：營業額竟立即止跌回穩，公司也避免數千萬，甚至上億的虧損。

平日多方留意，多「用心」，才可能在「無意間」握有抗煞利器，讓隆美平安度過一次危機。

SARS肆虐三個月後，七月五日世界衛生組織WHO宣布台灣疫區解除。約略同時，隆美恢復原來的業績。

從日本進口奈米光觸媒原料，新產品推出一年半之後，一則因為成本考量，再則SARS的風波過了以後，消費者的心理也麻痺，神經鬆弛了，加上無法向客人明白指證光觸媒處理之後的好處，何況光觸媒的效用仍有爭議，於是斷然停止使用。不過，考量防菌、防塵蟎還是有一定的市場需求，乃從德國進口藥劑。

添加新藥劑的作業程序是：縫製窗簾之前，布匹先行「清洗」，接著噴灑藥劑，一年內窗簾不會附著塵蟎。此一藥劑，皮衣業者已經使用多年，初淺的普通常識：既然可以使用在衣服上，那麼，人體並不常直接碰觸的窗簾，應該更可以放心使用。當然，清洗，噴灑藥劑等程序，工時、用料都得增加，成本也相對提高。

開源節流，調息金融海嘯之創

處在嚴苛的大環境中，總是研究、探索，穩住步履，依然往前邁進。平安度過SARS肆虐五年之後，面臨的竟然是重創全球的金融海嘯。

二〇〇八年到二〇〇九年之間，金融海嘯的暴潮肆虐之下，整個地球村風雲變色。「美國經濟有如掉落斷崖」，全球不少富豪的財富縮水兩、三成，甚至只剩下兩、三成，這些「全球指標股」都落到如此「悽慘」的田地，然則，其他小一號的大財團、大老闆們，還有大老闆手下的大夥計，乃至等而下之的一般薪水階級、小勞工，甚至那些養老金「歸零」的，他們的際遇可想而知。

金融海嘯的殺傷力到底有多大？一波高過一波的暴潮，威力何時消滅？何時再風平浪靜、海晏河清？停損點在哪？

檢驗當時台灣景氣的一個好面相：截至二〇〇八年，光是北台灣的餘屋，總共超過四萬三千六百戶。餘屋的總值約三千八百億元，占二〇〇八年推出金額的四七％，「庫存」近半——建設公司有多少資金可以承受如此窒息般的壓力。北台灣，餘屋最多的桃園縣約兩萬兩千三百戶，次之的台北縣約一萬四千六百戶。「庫存」近半，難怪不少建設公司的股票跌到剩下一成。新推出的案場景況如此，另一個主要的房地產市場，包括法院拍賣房屋、銀行拍賣，以及委託房屋仲介的中古屋市場同樣冷清，像台南「法拍」——法院拍賣、「銀拍」——銀行拍賣的公寓，「腰斬」、「再腰斬」並不意外。

房地產的景氣如此，和房地產生意有直接關係的窗簾，尤其那些鎖定「販茨場」的業者，以及像隆美比較偏重中古屋市場的窗簾，生意當然跟著滑落。

窗簾，一般家庭可能在六〇、七〇年代才逐漸普及，並非民生必須品，甚至可有可無，因而無論奢侈豪華，或價廉樸素，悉聽客人選擇。至於小康家庭，甚至窮困到三餐不繼，不張掛窗簾，早年在窗戶的玻璃上張貼舊報紙防隱私洩漏，又有什麼不可以。

當社會富裕，競相奢華的風氣披靡下，一擲萬金，面不改色；一旦遭逢嚴重不景氣，不少公司倒閉、老闆「走路」，多的是夥計減薪、員工裁撤的窘況，甚至不乏被迫提前退休的悲涼境遇。社會景象淪落到如此境地，家裡的窗簾再老舊，還是將就將就，再用個幾年，等手頭寬裕再說吧。即便已經破損，不堪使用，不得不換新時，「價位低廉」可能是一般人家的第一個選擇。

其時，財經範疇、社會層面所顯現的，以及可預測的負面影響，無論時間的持久或殺傷力，顯然都遠遠超過SARS。

金融海嘯，影響到底有多深？震幅多遠？蕩漾到幾時？都是未知數。

根據二〇〇九年三月，經建會的報告，台灣景氣循環「收縮期」可能創下一九八四年以來最長紀錄，甚至無法預測「谷底」將落於何處。顯而易見，金融海嘯的洶湧浪濤所到之處，幾近擺平一切，當然也直接影響窗簾市場。

二〇〇八年十月開始，隆美營運的統計數字，很清楚地反映出來，郭麒麟摩厲以須[1]，決定啟動開源節流機制。

節流作業的一些細節有：

店面的燈光控制採取三段式，廣告燈和門面，及店面的前段、後段，分別操控，當客人上門時，店裡的燈光才全部打開。執行之後，電費約省下三分之一。每個月的廣告費，縮減近百萬元。房屋租約即將到期的，和屋主協商新約時，要求調降一到兩成，每個月的房租因此減少支出四、五十萬元。由於節流措施祭出的時機得宜，加上執行落實，二〇〇八年全年收入和二〇〇七年相近，公司還有能力發放年終獎金。景氣持續低迷，二〇〇九年第一季的營業額，比起二〇〇八年同期，少了兩成多，一直到二〇一三年仍在「盤整」。

1 編按：意指磨快刀子等待。比喻做好準備，等待時機。

開創新事業活泉

情勢如此，和員工齊一心力，共同面對景氣的嚴苛考驗之外，如何乘著金融海嘯的勢頭求生存，甚至再創高峰？舵，該當怎麼把持？中期的目標在哪？此一「結構性的問題」，已在郭麒麟心中盤算一、兩年了。

新的經營方案，建立在多角化經營，開闢新活路的主軸下，已增添設備，並加蓋新廠房，在二〇〇九年年底之前推出「便利洗」。

便利洗，之所以浮現此一構想，正因為對布匹和市場的了解。

較先進的國家，窗簾約六年汰換一次，台灣汰換率低，不乏十多年不換窗簾，更可見在台灣推廣「便利洗」的重要。

一般紡織用的紗，存放在庫房裡不知多久之後才送到織布廠去，布織好之後，在倉庫裡可能放個一年半載，才縫製衣服，以至於到消費者手中，這其間，不知經過多少時間，轉換過多少地方，更不知附著多少塵蟎，因此，新買的衣服如果不先行清洗就穿在身上，可能會覺得身體癢癢的，這就是塵蟎在作怪。隆美的窗簾布裁製前多了「清洗」的程序，就是基於此一認知。

為了開拓更多觸角，有了售後一年回廠清洗的點子。

一般窗簾，難得聽到拆下清洗的，這卻是導致呼吸道和皮膚過敏的原因之一。窗簾難得清洗，除了拆卸時的技術問題和安全考量，一般窗簾，由於製作時，少了清洗布匹的程序，原來布匹上的「漿」沒有清洗掉，張掛在門窗上一、兩年，甚至三、五年之後，拆下來，一浸水清洗，不但布料縮水變形，很可能因為「漿」的腐蝕導致布料碎裂，更孳生消費糾紛。一般業者的窗簾可能不堪洗，因此，「便利洗」的售後服務，限定隆美的客人。

由於清洗灰塵對預防過敏有一定的功效，是二〇一四年隆美營運的重點項目，預期「便利洗」會造成風潮，不過，一般窗簾店可能無法跟進，除了製作窗簾時，布料未先「清洗、縮水」，廠房、機具更是個大問題，若非有一定的「量」，否則「養不起」這些設備。

郭麒麟頗得意地說，製造前先行清洗布匹，隆美很可能是世界唯一，對塵蟎稍有了解的客人都非常認同。不過「叫好和叫座」難免落差，「口碑」對實質的業績，影響不大。可見，清洗窗簾的習慣，仍待培養。

委託專業的業者清洗舊窗簾，除了隆美，目前可能只有日本有此服務，並由客人自行送到清洗的地方。考慮到拆卸窗簾的專業和危險性，隆美都到府服務。建議每年洗個一、兩回以避免塵蟎，但可能客人嫌麻煩，推動多年，業績仍要繼續努力。根據二〇一三年統計，每日清洗量二十到二十五窗，相對於每日出廠五百新窗簾，比例偏低。郭麒麟希望借重醫界、學界的專業報告，讓大家了解定期洗窗簾的重要。

「便利洗」對消費者健康，對業績都良有助益，何樂不為。

開拓窗簾市場的更多可能之外，郭麒麟還是繼續構思開拓新產品。基於不一窩蜂，不貿然進入自己陌生領域的前提下，研議中的商品，依然是郭麒麟此生最熟悉，最能夠有效掌握的領域：和布料相關的「居家布製品」。

只要動腦筋，方向對，就可以開挖出另一股活泉。

嶄新的產品之外，計畫配合「e世代」的時興與思維，還將新闢隆美「居家購物網」。不但配合潮流，如此經營模式並不需要增加太多營運開銷，可能也是隆美拓展市場的另一種利器。

另一個執行中的方案是，窗簾百家直營網絡之外，計畫創造新品牌，與隆美目前的商品，及原來的顧客群充分區隔，另行開拓新市場。新產品推出時，將和大賣場合作，針對學生宿舍及一般的租屋族群，設計窗簾DIY，消費者自行裝設的商品。樣式、做工簡單，組裝容易，材料的成本也比較低廉，採統一格式，適合量產的平價窗簾。

二·領導統御有方

小學還沒畢業郭麒麟就開始「出社會」，近半世紀以來，融入社會脈動，和普羅大眾一起呼吸，尚且因為加入社團，交遊及於各階層，得能夠充分掌握來自不同管道的資訊。廣泛而深入的接觸之外，還因為用心，隨時保持靈敏的觀察力，並且配合長年的閱讀習慣，幾經咀嚼、消化、思索、吸收，讓郭麒麟更能夠提早因應世界性的變局。

不但深思熟慮，動、靜之間，郭麒麟拿捏得宜，得能順應時勢，蓄勢待發。隆美的經營項目和模式，配合不同時期，不同年齡層的客人，不同文化背景的需求，對於潮流的幻化不憂不懼，從容改變經營型態，或營業內容。必要時，不惜放下過去，打造另一片嶄新的江山，得能克服一波又一波的險阻，經歷一階段又一階段的轉折，並順著時代的勢頭迎向事業的另一個高峰。

並非每一個人都必須知道馬「到底用哪一隻蹄起步」，正因為「各有所司」，上位者的職責在擘畫大事，郭麒麟深深了解個中真諦，因而在新聞報導上看到主政者所謂「以身作則」，諸如打掃環境，撿拾垃圾等畫面，每每嗤之以鼻——雖然職業沒有貴賤之分，何況郭麒麟自己也是好不容易從泥土中打滾、奮鬥上來的，然而，人民將重責大任託付給主政者，可不是要他自己去撿垃圾，或洗刷馬桶。環境的清潔衛生，豈是主政者「以身作則」一、兩次之後，就「自動」提升？何況這是環保局、清潔人員，甚至關係到學校教育、家庭教育等環節的課題，諒非主政者心血來潮，偶爾來幾次「空秀」，社會就因而「變臉」，抽菸的就不再隨手將菸蒂丟出車外，吃檳榔的就不再沿著街道胡亂「吐血」。不過，看了政客的無聊秀，不吐血者幾稀。

看到不少民選公職人員「勤於跑攤」的行逕，郭麒麟可非常不屑。多年前，有位民意代表皇皇大言，每天台南、台北飛機來回六趟、八趟。除了敬佩此人的體力、毅力和耐力，對台南市國民路的路況，例如哪個地方有個窟窿，哪個時段車子多，可能非常了解，然則樂於奔波，勤於趕路、花時間、花納稅人的錢搭「免費」飛機之外，還可能有多少餘裕可以靜下心來，好好沉澱、好好思考？還可能為地方、為國家幹些什麼好事？

不少每天樂於跑三十幾「攤」紅白喜事的機關首長，或民意代表，像那些專精「點主」者，唸起「台詞」，聲調抑揚頓挫，且「唱作俱佳」，其「專業」，其情感的投入，豈一般法師所能及。而且事後閒聊，竟揚揚自得，驕其選民：「點主」時聲調之昂揚，咬字之清晰，「點主」秀排行榜，誰人是府城第一，誰人第二。

其實，他們最了解台南市市立殯儀館哪個地方是否必須整修，是否太擁擠？是否要擴建？但納稅人期待的，豈只是浪擲精力，幾乎天天進出殯儀館，祭文倒背如流，勤於擔任「銘旌官」的民選公職人員嗎？納稅人與其花大把鈔票養這幫人，還不如好好培訓幾位「阿兄」、「土公仔」，或「生命禮儀服務人員」來得實惠，並提供更多就業機會。

清楚自己的角色

經常晚上八點鐘多了，這些勤快、可敬的公職人員依然奔波各區，還急著要從這一場趕到那一場。偶爾在中正路上碰面時，都九點了，相邀一起到「沙卡里巴」吃點心去吧。

在社交場合，幾乎天天可以撞見「我心茫然」，對方卻「怡然自得」的尷尬景況。

從小就選修「社會大學」學分，勤於讀書、思考的郭麒麟，內心一直非常困惑：

這些公職人員難道是鐵打金剛，不需要休息？已經「參悟」世道人心，不需要再充實自己？每天這麼勤於「跑攤」，得到什麼？失去什麼？「跑攤」和選舉時的得票數，有一定的因果關係，或一定有因果關係嗎？否則，幹嘛天天跑這麼勤？每天這麼不停的轉，轉個不停，到底還有多少時間和精力能夠為市民做什麼好事？

對於這些人，期待他們存有若何「做事不可遲緩，言談不可雜亂，思想不可模糊，心靈不可全傾在本身上面，亦不可任其激動；生活中總要有一點閒暇。」清涼之音，未免妄言。

「我們的言與行，什九都是不必需的，如果一個人知所節制，當可得較多的閒暇，較少的煩惱。」[2]

企業負責人肩負的是公司的盈虧，盈虧很可能關係到上千人，甚至數萬人的家計，但絕不認同在上位者引領同事，大家一起「埋頭苦幹」，或心思多疑，一大早就躲在走廊一角「偷偷」查勤，看看有沒有人幫同事打卡，抓不誠實，抓遲到早退，或突擊檢查，抓摸魚，抓打瞌睡的？視同仁如同小偷一般，這豈是「一方之主」的作為？

如同紡紗工廠的監工：

2 語出羅馬哲學家皇帝馬克斯・奧瑞利阿斯・安東耐諾斯《沉思錄》，梁實秋譯。

「當他已支配了工作後，他就走來走去，看著紡錘有停頓的嗎，有失常、摩擦而發生大的聲音的嗎，倘有的話，便趕快去約制住機器或使它恢復正常的轉動」。（托爾斯泰）

郭麒麟非常清楚，他不是監工，他的主要任務並不是調整紡錘。

相對之下，倒有個現成的好例子或稍可安慰吾人——施明德的風範。擔任立法委員時，不屑中央民意代表像一般基層公職人員一樣，汲汲營營於所謂的「選民服務」。施明德當然不可能「勤於跑攤」啥的，他了然職責的分際，尤其自已該當扮演若何角色，尤其出手時間點的精準掌握：

在國家關鍵的時刻，拿出關鍵的作為。

雖然沒讀過《漢書》，但郭麒麟的堅持，卻和《漢書》〈魏相丙吉傳〉，若合符節：

「吉又嘗出，逢清道群鬥者，死傷橫道，吉過之不問，掾史獨怪之。吉前行，逢人逐牛，牛喘吐舌。吉止駐，使騎吏問：『逐牛行幾里矣？』掾史獨謂丞相前後失問，或以譏吉，吉曰：『民鬥相殺傷，長安令、京兆尹職所當禁備逐捕，歲竟丞相課其殿最，奏行賞罰而已。宰相不親小事，非所當於道路問也。方春少陽用事，未可大熱，恐牛近行用暑故喘，此時氣失節，恐有所傷害也。三公典調和陰陽，職所當憂，是以問之。』掾史乃服，以吉知大體。」

正因為「不親小事」，「知大體」，了解個人該當扮演的角色和分際，才可能體察緊要處。

就像十九世紀初葉，俄羅斯期待於俄皇亞歷山大的是「拯救歐洲」。

「皇上知道他的崇高使命，所以一定會忠於這使命」。

「好皇帝必須要負起世界上最偉大的任務」。（語出托爾斯泰．《戰爭與和平》）

堅持原則，做對的事

郭麒麟明白「大人物做大事，大人物的責任在做『對的決策』」的道理，乃至如何領導統御，分層負責，這也關係到公司的傳承。

大導演李安的一段話足為註腳：「不是每個環節都是我的專業由我去做，我是在做領導統御的工作，要控制工作人員，不然就變成五部電影，兩百部電影，而不是一部電影了。」[3]

基於如此認知，平日，隆美的員工因業務需要，得經常加班，但郭麒麟絕不加班，因為董事長負責決策，負責擬訂公司發展的大方向，必須經常轉換情境，充分休息，好好「充電」，能夠好生思索，才可能研擬出好構想，激發出好作為。至於參與社團活動，以及交際應酬，不但是身心的調適，也是了解當下社會諸多面相的便捷途徑，進而擴展個人的人脈，同時為公司積累雄厚的社會資源——SARS危機時的宣傳、促銷，不已驗證。

郭麒麟知道，身為公司負責人，什麼時候該做什麼事。

3 引自〈李安給青年學生上的一堂創作課〉，二〇〇六年六月二日，聯合副刊。

公司實際的領導統御，相對於傳統的「晉商不用三爺」，郭麒麟在三十年前立足中正路後就堅持，透過親朋好友，或其他關係介紹的都不用。否則，一旦退讓就不可能守得住，想想，光是堂兄弟就有十幾位，加上姻親、好友，還得了。與其事後發覺不能用，辭退時的難堪，不如事先婉轉說抱歉。進隆美服務，憑本事自己來，隆美幾百名員工，沒有一位是親戚朋友介紹的。

避免「近親繁殖」的同時，寬闊的人力資源，更方便注入新血，及多面相的視野和展望，進而壯大公司。

錄用員工堅持原則，和員工相處，郭麒麟也有一套哲學。

將每一位員工，都當做自己的兄弟姊妹一樣看待，因此，絕不刻薄員工。郭麒麟的理念是，員工進了隆美，就將隆美當做自己一生的事業，一輩子的依靠。因此，縱然景氣再壞，除非員工主動求去，或犯了嚴重的過錯，像曾經有過三、五件案例，員工代表隆美和客戶談生意時，招攬的竟然是同業的生意，如此「飼老鼠咬布袋」的「叛逆」行逕，任何公司都不可能容忍，查證屬實，當然立刻開除，否則隆美絕不主動裁員。

郭麒麟強調「有福同享」，對員工懷抱感恩的心，絕不會為了減少薪水支出而裁撤老員工，另行聘用起薪比較低廉的新員工。即使極少數員工難免有狀況，但相處多年，相互之間已有一定程度的了解，因此稍事溝通，調整之後，無妨繼續上路。如果輕率辭退員工，另行雇用新人，難道一定可以保證新人不會出狀況，而且一定好用？何況新人要融入公司文化，還得經過相當時間的磨合。在如此一個「大家庭」裡，不少員工也能夠將隆美的工作視同自己的事業，和郭麒麟一路「打拚」上來。年資有超過三十年的，隆美總經理郭俊鵬出生以前就進公司服務，從中正路隆美布行時期一直相處到現在。超過二十年的，近二十人。其中，有十幾二十歲就進隆美，現在已當祖母的。

不但有能力，而且樂意留住資深員工，公司的特質及「大家庭」成員之間的情誼，可見一斑。

期待公司健全的營運，優秀的幹部是先決條件，至於隆美對於幹部的遴選和培養，只不過是很平常的人性作為罷了。採取的是老人帶新人的模式，新人工作半年之後，到公司接受測驗，通過之後升任副店長，一年後再回公司參加儲訓考試，考試通過才有機會升店長。考試的內容不外窗簾相關的專業知識，以及單據的填寫，公司的管理規範等等。有了儲備店長時，才會考慮是否再開設分店。領導幹部都從基層按部就班升遷，幹部除了擅長業務之外，更著重於領導能力。至於責任區劃分的原則，十五家分店設一位「區經理」，像台北縣市共有四十二家分店，分三個區，有三位區經理。全台灣分六個區，由一位位階等同副總經理的「督導」負責督導。

幹部內升、分層負責、善待員工、對客人姿態更低。台灣俗諺，「生意人烏龜性積」，堅持不和客人爭執。「人心百百種」，有窗簾張掛上去幾天，甚至幾個月以後，認為有瑕疵，即便是隱藏在折痕中，得要就近仔細檢視才看得到的小小一條「走紗」，或其他再無理的挑剔，總是息事寧人，再氣憤也要忍下來，或更換或退貨，都順從客人的意思。因為和客人爭執，輸了當然輸，贏了也是輸。隆美每年有幾十萬筆交易，其中比較棘手，地方無法處理，得送到總公司的爭議案，一年才一兩件，因此必須強自忍耐的畢竟少到可以忽略，這凸顯的，除了世道人心，終究也是「隆美」此一品牌的意義。

三・理財投資有守

二〇〇七年中，郭麒麟注意到一則財經報導：

匯豐銀行因「次級房貸」，違約率上升，導致第一季「獲利重創」。

銀行獲利為何「重創」？

同年七月廿四日，台灣股市加權指數收盤九八〇七點，但，不少投資人期待的「萬點之夢」破碎。七月廿六日，華爾街道瓊指數跌了三百一十一點。隔天，廿七日，黑色星期五，亞洲跟著鬧「股災」。

同年十月，日本野村總合研究所首席經濟學家辜朝明預測，美國房地產還會再下跌四年，餘屋得要很多年才能夠消化。

讀了這幾則報導，一般人都難免困惑，何況郭麒麟投資股票已二、三十年，參與過一九八九年，財政部宣布將課徵證券交易所得稅，台灣股市指數從一萬兩千六百八十二點，無量下跌十八個交易日的「魔鬼營」，那一階段已經繳交過兩、三千萬元學費。之後，像一九九五年的中共飛彈演習，及一九九七年的亞洲金融風暴，也已經歷過多場「慘烈戰役」，學費繳足，因此對於財經領域的風吹草動，不可能沒有反映。然則，道瓊指數重挫，亞洲鬧股災，到底意謂著什麼？尤其是，可能波及到什麼？後續，又將如何演變？

美國的金融問題，風波不可能局限於美國國內。

早在一九四五年八月，美軍在廣島、長崎投下原子彈，不但結束第二次世界大戰，也開啟地球村、全球化，或美國化的新紀元，同時全球的「美國化」

也跟著逐漸成型，尤其一九八九年十一月柏林圍牆倒下，一九九一年九月蘇聯快速解體之後，二十世紀末國際形勢的鴻流，早已匯集為「大美帝國主義」的「歷史主流」。

美國所引爆的「次級房貸風暴」，勁道有多強？波及的層面可能有多廣，有多深？尤其「唯美是瞻」的台灣。

二〇〇七年九月，次級房貸的規模估計約一．五兆美元，其中，金融商品將近三千億美元，經過多重包裝，衍生為「金融商品」。像美國第四大投資銀行，雷曼兄弟控股公司銷售給各國的「連動債」，保證「一定優厚利率」的「金融商品」，真正的規模仍難確定。如果全面引爆，對於全球的財經，乃至台灣的私人銀行的殺傷力究竟有多大？

逐漸浮上檯面的是：二〇〇七年到二〇〇八年，美國主要房地產貸款公司房地美、房利美，股價下跌八成。二〇〇八年九月，雷曼兄弟控股公司，因美國財政部、美國銀行、英國巴克萊銀行放棄收購談判，而申請破產，負債約六千一百三十億美元，超過二十兆台幣。接著，美林銀行被美國銀行收購，之後美國保險業巨擘，美國國際集團（ＡＩＧ），也因為金融產品導至嚴重虧損，頻臨倒閉，美國政府決定紓困貸款八百五十億美元。

對於險惡的財經情勢，郭麒麟已經心理有數。

早在二〇〇七年年底，台灣總統大選正要進入選戰高峰的當口，郭麒麟已將手中的股票全部出清，如此作為，除了盱衡美國財經變化、股市重挫，還因為長年來「賺少虧多」，友朋之間「賺錢有聽到，了錢無聽見」，一般人只知道股票好賺，一支漲停板就是七％，兩天就就是一四％，定期利率怎堪比。一天幾萬，幾十萬，甚至幾百萬元進帳，多美！正因貪念，蒙蔽了靈台，殊不知股票市場錢進錢出，錢來得快，去得也快。股市不只會漲停，股市也會跌停。不幸遇到跌停，一天一支跌停板，跌掉的可也是幾萬、幾十萬，甚至幾百萬。

而且一般經常住「套房」的投資「散戶」，「賭」股票的方式是稍稍上漲就急著賣出，好不容易等到「解套」之後，接著眼睜睜看著賣出的股票一天天漲停。遇到下跌，反而捨不得出脫，如果躊躇個幾天，連續重挫，更捨不得認賠殺出，再蹉跎，可能只有長期持有當股東，長期住「套房」了。即便不投機，多年來，不知多少「投資」已經變成「壁紙」——大部分進出股市者應該都有如此際遇，諷刺的是，浸淫其中越久，傷痛可能越深。

政府「做莊」，變相鼓勵大家「玩股票」、「賭股票」，長期「搞賭」，「卜大筊」的結果，近三十年來不知坑殺多少人。郭麒麟有位住在台中的朋友，二〇〇八年總統大選之後，很興奮地「押」兩億下去，後來可能剩下不到一成。

「賺少虧多」、「賺短虧長」、「虧怕了」、「不敢再玩」，多少曾經翻風覆雨的股海天王，勇敢逆浪淘沙，卻經不起時間的激盪，而「淡出」、「融入」茫茫股海？當「無風無搖」時，或可放言「技術分析」，但股海真的「有技術可以分析」？一旦「消息面」起風波，尤其台海兩岸風雲詭譎，像「飛彈危機」、「特殊國與國關係」、「停建核四」、「一邊一國」、SARS，甚至像美國「九一一」恐怖攻擊，台灣股市都立即重挫，這其中可能有技術分析的置喙空間？

台灣財經種種，經常「政治掛帥」，尤其是依某些「政治人物」的「瘋言瘋語」來定調，乃至兩岸之間的「鬆緊帶」來決定一切。

涉足股海，郭麒麟的「身價」至少蒸發掉一棟大樓。興許是一次又一次的教訓，再說，已經繳足學費，或是學佛的心得，得能覺悟放下的當口；抑或是打從年少就打滾江湖的磨練，在二〇〇七年底，郭麒麟終於醒悟，台灣的股票，不是人玩的，還是回到自己最熟悉的領域——布匹，最踏實。

郭麒麟因為提早「殺出」，脫離股海，而少虧不少錢。這終究屬個人理財的領域，至於隆美公司面對金融海嘯的衝擊，也已研擬多項對策。

反求諸己，才是正道

「天助自助者」，相對於郭麒麟所屬的階層——中小企業的殷實商人，面對金融海嘯的衝擊只能夠「自我期許」、自力救濟、自求多福，然而，有些大企業、大財團，竟然皇皇大言，要求政府紓困。如此行逕，郭麒麟非常不以為然。

要麼自己克服難關，要麼自然淘汰，為什麼「大企業」就「不能倒」？體質不好，經營不善，或人謀不臧，甚至產品已經沒有競爭力的公司，為什麼不能讓市場自行調整，透過市場的「物競天擇」汰弱留強？

多少大型電子公司的借貸，數以百億、千億計，一味的貸款、擴充，即便過去再「風光」，當「借錢容易的時候」，為何不事先自行做好控管，隨時調整步履？

「會借錢的先倒」，有位大亨這麼告誡大家。

有能耐借越多錢的先倒？實際上呢？

一旦「不幸」遭逢電子產業泡沫化，或金融海嘯的致命衝擊，進而可能衍生再如何不堪的「困境」，都應該「坦然」承受，怪不得別人。何況有些大企業的老闆，不無可能掏空公司，「倒，倒公司」，甚至由「全民埋單」。試試看，公司倒了，但大老闆私人口袋，可曾有一分一毫損傷？或越倒「越大間」？

回顧長年來政府的作為，除了給予長期的租稅優待、借錢方便之外，「大財團」動輒「擁有」幾百億，甚至上千億資產，不知得要具備什麼通天本領才可能「積累」起來？才可能達到？既然曾經有能力積累天文數字的家當，當然可以期待他們也具備危機處理的能耐，當遭逢橫逆時，自行解套，然則可能有一絲理由拿人民的血汗錢來「紓困」？甚至「紓困」可能演變成為不當圖利特定對象？

遺憾的是，如此期待未免奢侈，未免沉重。

自助而後人助，說來容易。

與其政府拿納稅人的錢來救大企業，何不請那些大老闆先拿出自己口袋裡的鈔票，救救「自己的」公司？還有，公司的董事長、董事，分配多少紅利？企業出狀況，如果是經營管理方面的問題，那企業自行內部整頓，換總經理，或更換幾個較高層級的幹部即可，何紓困之有？如果這家企業的體質已經敗壞，或產品經不起市場考驗，又不思變革，淘汰是必然的結局，然則遵循亞當・斯密的市場機制，交給看不見的手去處理不就得了。

從很多角度去省思，答案是一致的：政府幹嘛紓困？至於是否同意增加貸款額度，或展延還款期限，就交給銀行自行處理吧。

紓困之後的發展，美國就有一個鮮活的教訓。美國政府決定紓困美國國際集團（ＡＩＧ，一家以美國為基地的國際跨國保險及金融集團，總部設於紐約市）近兩千億美元之後，二〇〇九年三月中發現，ＡＩＧ發放的紅利竟高達二·一八億美元，雖然ＡＩＧ和員工訂定的紅利合約不但有效而且合法，即便二·一八億美元相對於美國國會通過近八千億，或可能超過一兆美元的經濟刺激方案比起來，只不過是零頭罷了，但金融海嘯造成「一路哭」的情境下，統計數字和社會觀感終究有相當落差。「巨額分紅」的消息釋出後，美國舉國激憤，美國總統、財政部，及國會都要求追討，並修法補救。猶有甚者，這些大財團的執行長，即所謂的「肥貓」，他們的豪宅頓時成為觀光景點，導遊現場開講，訴說「罪行」拍照留念後，轉往另一處「肥貓景點」。

類此「文革式」的批鬥，或界定為「資本主義式的反右公審」，竟然發生在廿一世紀初的美利堅合眾國紐約市。（陳文茜，二〇〇九。）

台灣人向來和善、溫馴——除了特定對象的特定政治議題，否則應不至於有類似呈現。

如果對大企業的巨額紓困是那麼理直氣壯，政府何不同時敞開方便之門，關照關照廣大的中小企業？事實上，縱然政府「有心協助」，可是中小企業卻「難以消受」。申請紓困、借貸必須提交所謂的「報表」，但一般中小企業怎麼有能力應付這些文書作業？

過度的「審慎、保守」導至重重關卡橫亙，因而對中小企業的「紓困」，可能流於口惠罷了。

不景氣所引發的失業潮，導致許多人無所適從，郭麒麟也非常不以為然。即便金融海嘯仍餘波盪漾，短時間津涯無覓，但「甘願做牛，不怕沒犁可拖」、「一枝草一點露」、「天無絕人之路」等等，多少俗諺、多少成語告訴大家，只要肯吃苦，只要「認真打拚」，一定有出路，有飯吃。但實際的呈現呢？

看多了鋼鐵廠、整染工廠找不到本地工人，不得不雇用外勞的例子。雇用外勞，公司的實際開銷並未減少，卻徒然在管理上增添許多困擾。

如果本地勞工可用，幹嘛用外勞？

金融海嘯之前一、兩年，隆美招募作業員時，經常等不到人應徵，因為很多年輕人只想「坐辦公桌」，輕鬆幹活。早年，再苦、再粗重的工作都有人願意幹。

只要有工作，總是可以「存活」，待立穩腳跟，再思考以後的路怎麼走，才是正道。這是「嘗遍風霜」的過來人，郭麒麟的心聲。

四·兄弟分工，台海生意經

二〇〇二年，配合經濟部「〇〇六六八八」優惠專案，隆美在台南科工區設廠。之前八年，曾經租用安平工業區的閒置廠房，設置管理中心及倉庫。

由於台灣有不少公共工程，著眼於「服務政治」，或偏重於所謂的「建設、繁榮」及「工程成果」而率意開發，導致不少開發案完工之後長年「養蚊子」，遂衍生出所謂的「蚊子館」，像台南市海安路地下街工程，就是「典範」。海安路地下街已施工十五年，歷經三任市長，依舊晾在那兒，甚至不曉得地下街的下一步該怎麼走。發跡地在中正路，距海安路不遠處，郭麒麟對於海安路地下街工程，不但感觸良多，更「受惠」良多——這是後話。

工業區中有不少開發之後，或因地理環境不佳，或因供需失調，而長年蔓草一片。安平工業區開發於上世紀六〇年代，曾經有過二、三十年榮景。近十多年來，由於台灣傳統產業的競爭力大幅滑落，基於勞力、原料，及開拓市場等等考量，不少廠商為了存活，只有西進大陸，導致安平工業區的廠房大量閒置——老舊工業區閒置的原因，和新開發案不盡相同。老舊工業區不好好改善就大量開發新工業區，猶如盲目的都市開發一般，徒然增加更多閒置空間。

「〇〇六六八八」優惠專案是經濟部為了改善諸多投資浪費情事，並鼓勵廠商進駐而設計。廠商承租工業區土地建廠，第一、二年免租金，即零租金；第三、四年租金打六折；第五、六年，租金八折，乃名諸「〇〇六六八八」專案。如果土地由承租轉為價購，原來繳納的租金可以抵土地價款——條件相當優厚。

台南市長張燦鍙市長任內，和台南市工業策進會總幹事，後來的台南市政府建設局長羅正方，向經濟部爭取後，優惠方案開始適用在台南科技工業區。

隆美透過「〇〇六六八八」優惠條例，承租科工區一千五百坪土地，興建廠房。二〇〇四年九月十八日，企業總部進駐。

兄弟分家，各自打拚

約略在台南科技工業區建廠，籌設企業總部的同時，有見於大陸崛起之後，沿海的新興消費市場，潛力非常可觀，於是先行在上海布點，曾經發展到十家直營門市的規模，接著規畫廈門總部。由於大陸的市場實在太大，幾經評估，決定暫時放棄上海，將力量集中在廈門一帶，已發展出四十多家窗簾分店。大陸的公司，同樣命名隆美。

企業版圖擴張，竟也是分家的時候。原因無他，兄弟倆都已經有年紀了，擔心下一代合作，及分工等問題，加上郭振隆個人的考量，決定退出經營團隊，遂在二〇〇六年分家。郭麒麟留守台灣，對岸的隆美交給侄兒經營。

一起生活超過半世紀，攜手創業的兄弟，高高興興分家。分家之後，兄弟兩家在兩岸各有領域，各自「打拚」。

台灣，由郭麒麟主其事，主要負責企畫、研發，並主掌公司發展的大方向。郭麒麟的兒子郭俊鵬，擔任總經理。按，郭俊鵬生於一九八〇年，出身長榮中學美工科。接班之前，郭麒麟給兒子的訓練課目是：從基層的外務員開始，先負責窗簾的安裝工作，然後擔任店員、店長，繼而實際主導場面較大，工作較繁複的的區經理。十年下來，已摸索過公司每一環節，通過各階段的培訓考驗之後，才接總經理，曾長期負責採購。分家前，採購布料主要由郭振隆負責。

終究大陸的市場太大了，立足台灣之外，郭麒麟當然非常留意大陸的動向，也很想到大陸好好揮灑，開拓事業的新板塊。如果西進大陸，不可能和侄子競爭，而且必須另創品牌。想要開闢大陸市場，另行找尋好的立足點並不難，像上海、北京、天津、廣州、重慶等等大都會，以及沿海、內陸其他地方都有很好的著力點。至於中、長期的策略，由於大陸的風俗民情，以及思維模式，和台灣頗有差異，尤其幅員遼闊，零售市場之大，狀況之複雜，不是未適應當地的台灣商人可能預設。包括收取帳款、裝設、售後服務等等運作程序，都和台灣截然不同，因此，單純的移植台灣經驗，能否適應，頗有疑問，唯有轉換另一種思路來擬定對策，才可能存活、生根，進而達陣取分。

郭麒麟初步的構想，可能採取比較沉穩的步驟，就沿海幾個城市評估後，選定一個點，先行開設旗艦店，更深入了解當地的自然環境、民風，以及消費者品味，待旗艦店的業務發展穩定之後，再開設第二家直營店，第二家站穩後再布點第三家……。如果在一定時間，業績不盡理想，而且短期間不容易突破僵局，就斷然結束，另行開闢新據點。隆美百家連鎖店也是這樣發展起來的，一間一間來，發展、管理的過程，一旦發現問題，就暫停新設分店，直到問題解決了，才再規畫下面一個點，因此沒有所謂開拓期的「瓶頸」。正因為是一間一間，靠經驗摸索出來的，運作方式並無前例可循。

隆美西進大陸之後，面臨大陸的員工素質、出身背景，所衍生的管理問題快速浮現，還有顧客的樣態，乃至銷售服務難以掌控的距離和疏離在在影響商機，加上租金調漲速度和幅度不能適應等等難以預估的狀況，如此「水土不服」，尤其整個人文場域融入困難，只有返回台灣，另行經營窗簾生意。郭麒麟不諱言，一般人認為兄弟從事同一行業，難免競爭，甚至磨擦，但他兄弟倆的窗簾產品已盡可能在價位上做市場區隔，因此並不衝突，何況一起生活一甲子，一起打拚事業四十多年的深厚情誼。

若非兄弟一起打拚，不可能有今天的隆美，尤其郭振隆頭腦好而靈活，常有好創意，像「布匹身分證」就是郭振隆的點子。對於弟弟回台灣再出發，郭麒麟誠心祝福，而且分家以來，兩家一直經常聚餐。

布局大陸的構想，和二〇〇四年曾經擔任李登輝之友會全國委員、台南市扁友會總幹事，還有二〇〇四年「二二八手護台灣」時，鼓勵隆美各連鎖店員工參加當地的牽手活動的政治立場可能相衝突？

其實，郭麒麟不曾直接參與助選，尤其擔任台南市選舉委員會委員時，更謹守分際。參與這些活動，動機很單純，既然生長在台灣，長期在這一塊土地耕耘，當然深愛台灣，希望台灣更好。至於動員公司員工參加「手牽手護台灣」，不過反映台灣人反飛彈、要和平的基本立場罷了。動員員工，或出錢出力，絕非個人的政治考量，他從來沒有投入選舉，或實際參與政治的念頭。支持什麼，只是單純熱愛鄉土的反映罷了，毫無政治利益可言，更無關「統獨」情節。「藍營」、「綠營」裡頭，郭麒麟都有好朋友，選舉時，更不執著於藍、綠，反正誰能夠讓台南市、讓台灣更好，就支持誰。

很單純的只想要台灣更好，因此，反對政客交相爭權奪利，更不能認同因為台海之間的動盪，而影響人民生計。

長年來，由於兩岸對峙，衍生國防、外交的盲目對抗，乃至於動輒浪擲千、百億預算，甚至搞得黑幕重重，弊端連連，醜惡不堪，舉國沸騰，這對於台灣人民的安居樂業，又有什麼意義可言？基於維護台灣人自由、民主生活的環境，及經濟更繁榮的前提下，兩岸之間如果有任何美好的可能，為什麼不能接觸，不能談？何況，「兩岸三地的企業在證券交易所雙掛牌，或三掛牌」的議題都已經拋出了，還有什麼不可能？二〇〇九年四月三十日，陸資來台投資的消息釋出後，台股暴漲六．七四％就是個驗證。

基於商人的立場，有見於台灣的市場實在太小，固守台灣，並不符合投資效益，不踏出去，不無可能在時代的大洪流中汩沒無蹤。盱衡當下，為了突破困境，求生存並力圖發展，很多人選擇西進大陸，也是理所當然。

「更自由，更民主，生意更好做，生活更好，最好啦！」因此，兩岸之間，無論「綜合性經濟合作協定」（CECA）也好，「兩岸經濟合作架構協議」（ECFA）也罷，任何「協定」、「協議」只要站在台灣人的立場，能夠幫助台灣早日脫離經濟困境，對台灣人有利的，都行。不接觸，不談判，立即可見的關稅問題一定「卡死」。

都已經融為地球村，都進入e世代了，區區兩百公里海峽，有什麼利器可以有效區隔？或可能阻擋得住什麼？來自墨西哥的新流感，攪得全球恐慌，一水之隔，何藩籬之有。

五・親情相繫，家和萬事興

隆美剛在中正路附近有了根據地，事業正開始衝刺的時候，卻遭逢此生最大的打擊，且幾乎被擊倒——郭麒麟的元配竟因車禍去世。

一九七八年，春節過後，三女兒才剛做完週歲。郭太太習慣的回家做好晚飯，騎摩托車送飯到國華街時，從府前路，油巷尾土地公廟附近出巷口，北轉開山路，在馬公廟北邊不遠處，為了閃避一部路邊違規停放的車輛，摩托車探出時，被大卡車撞倒在地，竟傷重不治。（按，開山路東南接大同路，北連接民生綠園，通公園路，是早年的「台一線」，南下高雄北往嘉義的車輛不少經過這裡。路況繁忙而複雜，遂發生不幸。）

郭麒麟的元配，打從結婚後，不但和郭麒麟一起「在土地上『打拚』」事業，還得忙家事，生養女兒。而且是趕回家煮飯後，送飯給郭麒麟而發生不幸的。當時大女兒才八歲，二女兒五歲，加上才滿週歲的三女，即便喪妻之痛魂縈午夜，可是再如何不捨，再沉重的打擊，再痛徹心扉，總是要壓抑，強自振作。擺在眼前的事實是，如何妥善照顧三個小孩，才是個大問題。那時的經濟狀況，並沒有能力請女傭人，只有偏勞母親、弟媳婦，以及好心的鄰居。弟媳婦滿懷愛心的協助帶孩子，三位女兒和嬸嬸的關係像親生母女一樣。

台灣有句俗話，「中年喪妻『卡』慘三歲死老爸」，何況事業正要起飛的青年郭麒麟。豈只事業，家裡還有三個小女兒。為了兼顧家庭、事業，而在一九八〇年再娶。郭麒麟和繼室生育有一男一女，繼室很有愛心，對元配的三個女兒視如己出，感情非常好。繼室不但善良，也很有智慧，對郭麒麟的事業幫助很大。

「好朋友們，如有遭逢和他同一的不幸，可以從他的悲痛中，找出一些安慰」

——歌德．《少年維特的煩惱》

少年維特面對悲情的打擊時，「單純」的反映是：

「所受的屈辱，及以後的困苦，他都一一記及，他於是變為絕對的怠情。他因缺乏精神，全沒有尋常人事的追求：他為他自己的感情所犧牲，更因妨害了最可愛女性的安寧，有一種無以自安的情緒，他便又為這無以自安的情緒所犧牲。他的歲月便在這單調的生存中消失了，他的力量，也沒有目的和計畫地盡了，直至他獲得最後悲傷的結局。」

相對於少年維特的「濫情、萎靡」，青年郭麒麟可全然不同，為了家業，為了孩子，只有快快走過悲慟，於是埋首工作，麻醉自己。

為了避免觸景傷情，尤其承受不住隨時可能浮現的陰影，油巷尾的房子不敢再住，很快的找到新居，搬到中正路附近的康樂街，早些年的熱城西餐廳旁邊的巷子裡。不但搬家，而且之後十幾年不敢走過開山路。

縱然遭到命運之神無情的重擊，但郭麒麟並沒有「倒栽葱」，何況上天總是眷顧堅強、奮發、用心的人。

在中正路開店第二年，年紀相差九歲的弟弟郭振隆服役退伍回來。兄弟原本就是事業夥伴，一直合作無間，長達四十年。

郭振隆打從國小一畢業就開始學賣布，騎著腳踏車，跟隨郭麒麟，一起跑了三年之後，十六歲——比郭麒麟早兩年，自己闖，兄弟倆分頭做生意，不過布匹採購由郭麒麟負責，郭振隆每天賣布賺的錢悉數交給郭麒麟。採購、收入，以及家裡的開銷等等，都由郭麒麟全權處理。在大菜市西側落腳之後，兄弟倆一起經營布莊，發展事業，賺的錢都歸「公司」，置產也是由「公司」處理。個人的開支，花多少拿多少，即便郭麒麟兒女較多，平日開銷比較大，但兄弟之間從不計較沒有第二句話。

郭家兄弟不但打從出生就住在一起，且「吃同一鍋飯」長達半個世紀。如此情誼，當代並不多見。哥哥沉穩，弟弟點子多而且較有衝勁，像大陸的投資，一出手就是大格局，比較屬於郭振隆的風格。換成郭麒麟的模式，得要一家站穩之後才考慮下一家。兄弟倆不但特質互補，更難得的是能夠相互容忍，誰對就聽誰的，一決定就沒有第二句話。

兄弟兩人聯手運作，家和萬事興，同心協力打造出一片江山，一直到二〇〇六年，基於下一代已經長大成人，是各自成家的時候了，郭振隆才在隆美企業總部附近另行購置新家。

六．自助人助，行善公益路

或是天性使然，或是成長的環境所積累的善因，得能夠充分體驗在社會底層奮力求生存的苦楚。因此一直有心回饋，為社會貢獻心力，當事業稍有基礎，郭麒麟即投入社會工作。

1、禮佛，開啟另一扇門

三十歲那年，和二十幾位朋友一起組織「愛心會」。一聽到哪裡有急難，哪裡需要濟助，就指派一位會友前往查訪，查證屬實，即送錢去。那時，由於友朋們都還年輕，各自忙於事業，郭麒麟也才進駐中正路不久，正全力挺進，「愛心會」的捐助工作運作不久即不得不暫停。

一九八七年，事業已上軌道，比較有餘裕可以投入社會公益工作，於是郭麒麟建議朋友再組織愛心會，朋友卻邀郭麒麟一起上妙心寺學佛去。

在台南四分子妙心寺禮佛的因緣，透過傳道法師，郭麒麟增廣很多見聞，包括人生哲學，人文和環保方面的知識等等。不但增長智慧，開拓眼界，思考層次也跟著逐漸提升。同時還認識許多不同社會階層的人，包括多個領域的專家、學者，加上傳道法師的鼓勵，而有機會籌組社團，更積極、更廣泛地參與社會關懷工作。之後二十多年來，郭麒麟的頭銜太多太多，像中華中小企業跨業交流協會、台灣省布商業同業公會聯合會、台南市布商業同業公會聯合會、台南市振興商業協會、台南市中正銀座商圈、台南市法雲文教協會等等。因為和妙心寺結緣，才可能有這些事功。

位在台南東郊四分仔的妙心寺原本屬於高雄市宏法寺系統，早先的住持是宏法寺的開證上人，目前的住持是傳道法師。宏法寺是台灣比較早致力於學術研討，及文化出版領域的佛教團體。上世紀七〇、八〇年代間，台灣知名兒童文學學者洪文瓊（台東大學副教授，曾經擔任中華民國兒童文學學會祕書長，台灣時報、兒童日報總編輯等），曾多次幫開證上人規畫大專院校學生暑期兒童文學研習營，由開證上人的幾個道場輪流舉辦，並分攤經費，妙心寺也曾經主辦過兒童文學營。八〇年間，洪文瓊向開證上人提議，編輯《中華佛教少年百科全書》。決定編輯部的所在時，筆者多少基於台南在地的本位立場，更著眼於成功大學就在近鄰，無論百科全書編輯期間，或將來的佛學中心，都方便得到學生和教授的支援，並分享資源，乃建議將編輯部設在妙心寺。

編輯佛教百科，廣泛蒐集、整理資料的同時，洪文瓊的中期目標，計畫在妙心寺成立佛學資料中心，進而成為台灣的佛學重鎮，之後，可能順勢發展成佛學院。洪文瓊非常重視在職訓練，長期規畫講座，邀請多領域的學者到妙心寺演講。因為這些基礎功夫，即便洪文瓊只短暫擔任百科總編輯職務，但著名環保學者林俊義教授，以及專精文學賞析的薛順雄教授等，還是繼續參與妙心寺舉辦的活動，尤其薛教授，或是老家在高雄，而且和傳道法師的理念契合，經常拜訪妙心寺，交換心得。還有，《台灣漢語辭典》的作者許成章教授，也曾經在妙心寺有系列台語講座。

郭麒麟在如此濃厚人文氛圍的薰陶下，增長知識的同時，心態變得更樂觀，且開啟寬廣、深遠的視野，從而學到不少社會工作，及職場的理念。在妙心寺接觸佛法，進而「再教育」，獲益良多，對傳道師父感恩不已。

一九八七年七月十二日，由於傳道法師的鼓勵，郭麒麟和傳道法師、林登木共同發起，成立「妙心寺佛教法雲慈善會」，這是郭麒麟第一次參加社團。法雲的創會宗旨是「急救捐輸」，郭麒麟擔任創會理事長，常務理事是成大數學系系主任陳珍漢教授，理監事多是學有專精的學者，及中小學老師。面對學者，乃至學者等同學問，面對學問不能不更謙虛，何況郭麒麟只有國小畢業，因此主持會議時，原已淡去的自卑感，竟又浮現。可是，理事長總要上台，上台總要發言，然而面對這些教授、老師，因為自卑感作祟，每當拿起麥克風就面紅耳赤，甚至紅得發紫。

「面紅耳赤」會議主席，「由紅翻紫」兩年之後，到底「想通了」：既然眾生平等，各行各業當然也都平等，只要行得正，盡本分，在自己的崗位上好好表現，無論在大學教書，或在商場上「打拚」，或靠勞力賺取正當的錢，又有什麼高下之分？就像服兵役時克服結巴的毛病一樣，只要有心，一想通，心理障礙消除以後就不再臉紅。之後，主持大大小小的會議，包括二〇〇八年擔任國際中小企業跨業交流協會年會大會主席，主持會議並對來自多個國家的來賓致辭。二〇〇九年春天，郭麒麟帶團訪問日本，在「國際傑人教育基金日本窗口開設九週年紀念大會」，以中華中小企業跨業交流協會理事長身分發表演講。

因擔任法雲理事長得有機緣主持社團會議，並再次克服內心的障礙。經過多年成長，即便國際會議，郭麒麟都泰然自若，游刃有餘。

一八九一年五月，「法雲慈善會」轉型為「法雲文教協會」，並向台南市政府登記立案為社團法人，會址在台南市金華路二段，水萍塭西邊，距離「三一九槍擊案案發地」不遠。後來會址遷到中正路中國城，台南漁會對面，郭麒麟提供的房子。

法雲轉型為文教協會後，觸角從單純的慈善工作，延伸到社會、政治，及教育等多領域的關懷。像宣導保護山林，和成大師生合作，長期在山林裡拍攝盜伐林木的紀錄片，呼籲世人一起關愛我們安身立命的這塊土地。參與搶救棲蘭山檜木林——這些作為都是接觸林俊義教授之後，領會環保、生態的重要，視野開闊，工作領域也跟著拓展。這些作為，或是郭麒麟的天性，及年少時在艱困的環境中成長，根深柢固愛物惜福的觀念，加上傳道法師的開示，體會佛教「共業」思想的真諦，進而覺悟，如果再不徹底改變近年來日趨嚴重的糟蹋資源及破壞環境等惡習，人類可能和很多生物快速滅絕，且人類很可能先一步從地球消失。為了避免滅絕，人唯有和地球，和萬物和平共存，才可能共生共榮。

透過佛學、俗世的學理，以及環保生態的景象，交叉比對，多重驗證之後，郭麒麟領悟到很多新觀念：了解森林對於整個世界的影響，以至於人和大自然之間生生不息的因果關係。對於人生，對於個人和社會的互動，也有更深切的領會，既而將這些想法轉換為實際的行動——恰是「人間佛教」的一種演繹。此一階段的重點工作，還包括長期關懷老人、寒暑假學生營隊、生態保育，以及佛學講座等等。

2、淨化選舉，推動我家不賣票

慈善工作、環保領域、學理研習之外，佛法慈雲終究廣布及於「政治」層面，更深入地影響世道，教化更多人心。

有見於七〇年代初期以降，台灣地方選舉風氣快速敗壞，到處妖風肆虐，不分城鎮、鄉村，幾無一片淨土，尤其偏遠地區，賄選情事，更無所忌諱。聳人聽聞的是，運送巨款，及發送「買票錢」到投票人手中的，可能還有公部門直接參與。候選人「投資」的「買票錢」和「樁腳錢」動輒數千萬，甚至上億元，不少地方首長選舉，砸個十幾二十億，並不是稀奇事。

既然選舉時「投資」如此之大，當選之後「不得不」回報「投資者」，乃至撈本、回收，盤算加乘「利潤」，雨露均霑，好部署下一次選舉。如此選舉文化，惡性循環的政治生態下，怎可能不拿工程、不拿回扣、不「歪哥」、不收「紅包」。

為了導正因為不當選舉而衍生的政壇歪風，更避免因為這股歪風漫無邊際的擴散，敗壞吏治，汙染整個社會風氣，腐蝕人心，甚且全然「爛透」而不可收拾，郭麒麟早有淨化選舉風氣，導正世道人心的念頭。

一九九一年，再次擔任法雲會長，適逢第二屆國民大會代表選舉，因緣際會，是起而行的時候了。此次選出的國大代表將負責「修憲」，主導政府體制再造工程，其結果對於爾後台灣的動向，影響深遠。為了避免此次國大選舉，因為不當的選風導致陽明山上「群魔亂舞」，對國家造成無可彌補的傷害，於是，郭麒麟向法雲提議，成立「佛教淨化選風促進委員會」。以佛教為主，結合多個社團，一起推展「我家不賣票」運動——這是郭麒麟參與社會運動的「成名之作」。

縱然「我家不賣票」的動機再純正，不過情治單位困惑的是，怎突然蹦出一個源自佛寺的社團，涉入「不相干的」選舉底事？不但「唐突」，且「立場」更難免啟人疑竇，情治人員當然立刻盯上法雲。連續兩次約談理事長，了解動機、成員背景，尤其是有何政治目的？到底在幹些什麼？選戰的最後階段，可有「激情」的呈現？郭麟麟義正辭嚴地解釋，只不過是一群老師和生意人，單純為了台灣好，拒絕賄選——很卑微的訴求罷了。何況，不買票、不賣票，是天經地義的事。

舉凡比較有是非觀念，有正義感的民眾早就不屑那些透過賄選而當選的公職人員，相關主管機關有責任，有義務嚴格要求司法人員、情治人員切實查緝，導正選舉風氣。換個角度說，放任選舉買票，候選人花大錢搞選舉，當選後勢必要回收。民選公職人員競相「歪哥」，沆瀣一氣，政治怎可能清明。

只有杜絕買票、賣票，好人才願意參政，好人出頭，政治清明，社會才有希望，這其中，沒啥深奧的哲理。

公部門遲遲不見動作，民間不得不挺身而出，何況法雲的會員，並沒有絲毫政治企圖，更沒有政黨色彩。

解釋清楚後，情治人員並沒有再登門「拜訪」，也沒有再遇到「比較敏感」的人士，不過，想當然耳，他們應該還是繼續監視、「了解」相當時日吧。

那時候，站出來主導如此「惹人嫌」、「很多人都嫌」的政治運動，不但要有「慧眼」，更需要幾分膽識。因為，不只情治人員有疑問，連國民黨，甚至民進黨都有雜音。

「乾淨選舉」、「我家不賣票」的訴求，雖然沒有直接點名哪一政黨，或哪位候選人，針對的只是「買票、賣票」的賄選行為——不過，稍有常識者都了然，當然是針對「特定對象」。

有一些民進黨員竟指責郭麒麟，背後由國民黨操控，質問郭麒麟，自己所屬的政黨買票反而數說別人買票，「不賣票」運動形同「做賊喊抓賊」，只是選舉的招數，轉移方向，放「煙霧彈」的策略罷了。國民黨一方卻以為，諸如此類的工作，成員的屬性一定是「黨外」份子，是民進黨。甚至有些人認為，只有瘋子才會做這種傻事。

欲去除陳痾，本來就困難重重，而且不是短時間能夠，何況是多方利益糾葛的亂局。法雲的義工們一開始梳理時，著實礙手礙腳，推移困難。因為對台灣的使命感，希望台灣更好，否則，可能走不下去。不過，有良知、痛恨賄選，知道賄選勢必引發嚴重後果的人可不少，因而，只要有人願意率先探出頭，踏出第一步，挺直胸膛，高喊「反賄選」，就是好新聞，新聞記者就會「追」。一經披露，口耳相傳，很容易引起相當回響，進而形成風氣。郭麒麟對於「乾淨選風」的發展，心裡滿篤定的。

政治運動得要配合成功的系列作為，才可能獲致廣泛而絕對的勝利。推動「乾淨選風」，法雲策畫的系列活動包括：響應「不賣票」簽名，散發十萬張

「淨化選風．我家不賣票」貼紙，及「淨化選風晨跑」千人慢跑繞行市區等等。還有另一個造勢的主力，製作五百面宣傳旗幟，張掛在公園、廣場，及人車較多的路段。標語內容包括：

「賣票不應該．選伊愚大呆」、
「人人都投票．家家不賣票」、
「選票換鈔票．良知死了了」、
「暴力止步．買票槓龜」等等。

實地執行時，為了撙節經費，綁旗子的事，法雲會員利用下班時間自己來。出動綁旗幟的會員，像成功大學教授陳珍漢、李春得、吳順益、楊為學，以及楊繁正、吳千惠老師等等都選在深夜，人車比較少的時候上街。有時候，太太、孩子全家一起動員，大家有說有笑，像是假日親子活動一般，場面滿感人的。除了靜態的旗幟，法雲還派出宣傳車，遊走大街小巷，告訴民眾不賣票，呼籲選民唾棄買票的候選人。

早年四處賣布的「街頭經驗」，站在宣傳車上，拿麥克風沿途呼喊：「選票換鈔票，良知死了了」，郭麒麟是不二人選。

由於宣傳得宜，加上付出相當人力、物力，那時候，行走台南街上，不難看到「我家不賣票」的宣導貼紙。

「我家不賣票」運動不但開社會風氣之先，已然在台灣選舉史矗立一道碑記，並且成功拓展法雲的關懷層面及於政治領域，也恢宏郭麒麟個人的格局和氣勢。

台灣劣質的選舉文化演變出一種可悲的面向：選舉買票的過程，錢「灑出去」之後，選票是否能夠「浮出來」、「浮幾成」、「投資回收幾成」，開出來多少票，或交給樁腳的買票錢有沒有灑出去？

發出去幾成？

有沒有被「黑吃黑」？

這些變化的關鍵在於是否找到適當的「大仔」出面圍事。黑幫人士「顧場」的成效，卻也是選戰的「勝負手」，然則選舉的負面文化已演變，沉淪成為「黑金共生、共榮」，進而黑金「植入」政治運作，於是對當下台灣影響深遠的「黑金體制」誅然成型。情勢如此不堪，可能力挽狂瀾？

一九九二年立委選舉時，法雲遂進一步規畫「反賄選，反暴力」運動。強調「金權暴力若上台，你我子孫沒將來」，除了文宣、旗幟，還在東帝士百貨辦簽名會，規畫健行活動配合造勢，冀望喚醒更多有良知的民眾，一起站出來扭轉頹勢。

連續耕耘兩年，漣漪擴散、激盪，法雲首倡的淨化選風運動獲得廣泛認同。台北有「道德重整委員會」接手策畫，於是「我家不賣票」運動擴大到整個台灣。

一九九三年秋天，縣市長選舉活動之前，由郭麒麟、柴松林教授、淨耀法師三人共同發起「一九九三乾淨選舉救台灣」運動，雖然「主場」在台北，但郭麒麟是主要負責人之一，而且「發源地」台南市率先呼應，成立「乾淨選舉救台灣．台南市推行委員會」，由傳道法師和基督長老教會社會部部長冬聰凜牧師共同擔任召集人。

原本由佛教團體發起、主導的社會運動，由於「反賄選」屬「普世價值」，因此很快的回應熱烈，除了長年關懷台灣公共事務的長老教會牧師挺身參與，主導工作，響應的還有七十二個團體。主要成員有：天德教台南支會理事長牟敦倫，及李春得、楊澤泉、周文偉幾位教授，還有長老教會牧師洪溫柔、顏信星、許天賢等等。「推行委員會」由郭麒麟擔任總幹事，何宗勳統籌企畫。活動主要內容包括拜訪台南市選委會、候選人，簽署不買票承諾書，遊行、演講，以及大量散發「乾淨選舉救台灣．我家不賣票」，「乾淨選舉救台灣．台灣的希望」貼紙、「留得清白在人間．乾淨選舉救台灣」T恤，及「台南人你的道德勇氣在哪裡」文宣等等。

二〇〇三年九月十八日在台南市所做的問卷調查數據指出，認為賄選風氣非常嚴重和嚴重的有將近八成九，而且八成以上民眾相信接下來的市長選舉會買票。「八成九」、「八成」，如此數字直指賄選的比例之高，亦凸顯選風之敗壞，更可見乾淨選舉救台灣運動之迫切需要。

接近投開票日，台南市果然傳出賄選風聲。十一月廿五日，傳道法師和冬聰凜牧師一起在市政府大門口前發表「痛心疾首」宣言，強調「買票當選一定貪汙」。投票前夕，選前之夜的「曙光行動」，點燃燭光，遊行街頭，希望感動更多民眾，為乾淨選舉做最後努力。諷刺的是，開票之後，選舉雖然落幕，但為了預先防範不滿選舉結果者聚眾抗爭，警方在市政府大門前和左側的南門路，圍起一圈圈的鐵棘藜，全面封鎖道路。

對於如此喚醒世道人心的運動，「乾淨選舉救台灣．台南市推行委員會」製作的：《一九九三年台南市一群人民追求『乾淨的民主政治』努力的過程紀錄》後記，是個好「註腳」：

「一九九三年縣市長選舉『賄選變烈』延續到『市議員選舉』，並在『議長選舉』買票行為之囂張，派系、暴力、金權、黑道……等充斥在台灣本島，連鎖反應引發當局的緊張及人民的不滿。

司法部馬英九部長以『玩真』姿態展開民國有史以來『最大掃蕩賄選行動』；一九九四年三月初到三月底，一連串行動，讓人民開始對這個政府有決心喝采！同時也顯示『民意政治』的可貴，不管結局如何，『乾淨選舉救台灣』的呼籲似乎開始獲得回響，如同馬部長對『乾淨選舉救台灣』的成員說：『您的未來不是夢』一樣。」

此一「後記」，不已佐證郭麒麟出錢出力，首創「淨化選舉」、「我家不賣票」，乃至「乾淨選舉救台灣」等運動，已然寫進地方志和台灣選舉史。活動期間，當然不乏冷嘲熱諷的聲音。有「媒體」，在一九九三年十一月中，發表一篇短評：

「只要簽上『承諾書』就等於打上『不賄選』的烙記，何其簡單！那麼，如果『不吃飯』可以做選舉訴求，能贏得選票，相信也會有許多候選人寧可簽署『不吃飯承諾書』，反正只要選贏，什麼『書』不能簽，什麼話說不出口？」

既然「不賄選承諾書」形同具文，簽，等於沒簽，同一理路下，「我家不賣票」也好，「乾淨選舉救台灣」也罷，都是勞民傷財、徒勞無功，做白工，甚且毫無意義，任何作為都不必。然則，大家「正常吃三餐飯」，回家睡大頭覺就是了，反正有一天睡醒之後，台灣的選風「不可能變好」，或理所當然「自動變好」。

如此心態，是不是有點「天方夜譚」？

抑或，「俟河之清人壽幾何」？

選風，純屬「天要下雨」底事，隨他去吧？

個人造業個人擔？

我佛慈悲。

「七年之病，求三年之艾」，何況選風敗壞的社會病，腐蝕的層面之廣、之深，可能要轉診到大醫院，送開刀房，動大手術，切除癰腫，進而適度隔離才可能在一定時間見療效。發諸民間的處方，或許藥性太溫和，以致淨化選舉運動之後，每逢選舉時，買票、賣票，還是時有耳聞，亦可見社會風氣的扭轉著實不易。不過，如果因為短時間難以見療效，或畏懼困難，而躊躇不前，那選舉風氣的敗壞不知將伊於胡底？甚至只有「俟河之清」矣！唯有鍥而不捨地宣導，長年社會教育、學校教育之後，終究可以逐漸看到成效，可能別無他法。

縱然有些人嘲諷，玩笑話，簽署「不吃飯承諾書」就可以贏得選舉，但至少查辦賄選，法務部開始「玩真的」。買賣、賣票是不道德的、是違法的，這些觀念，也已深入人心——儘管「社會淨化」的速度和程度，與理想之間仍有相當差距，但「台南市一群人民」已然開啟時代之先，他們努力過，而且努力的標的應已深植人心。「反賄選」諸君，尤其開風氣之先的郭麒麟，值得尊敬。

對於「乾淨選舉救台灣」如此一個既正當，且影響非常深遠的社會運動，當年，曾經有某立委候選人「驚訝」地向郭麒麟說，台灣竟然有人，有社團

「敢」出面做這件事。對於如此「不知今夕是何夕」，不知該當「為所當為」的論調和見識，不知驚訝的該當是誰，還是個政客呢！「不賄選」，放諸四海而皆準，即使在「前解嚴」，都有非常正當性，都可以坦蕩蕩地回答，要求「不賄選」有什麼不可以？何況 一九八七年七月十五日已經解嚴，同時開放黨禁、報禁，相對之下，「我家不賣票」之類的社會運動，有啥好「驚訝」？倡導乾淨選舉運動時，都已經解嚴近四年了，如此「膽識」的人，竟「嚷嚷」政壇十幾二十年。

3、大樹計畫，照顧弱勢孩童

積極投入淨化選風的社會教育工作，法雲長年來的標竿——幼童教育已先行著手。

一九九〇年，法雲開始執行「大樹計畫」，目的在照顧「幼苗長成大樹」，是另一項影響深遠的事業，也是悲天憫人襟懷的具體呈現。

一九九〇年，郭麒麟再度接任法雲理事長時，即思考可以優先為社會做些什麼？多方觀察後發現，之前的三、四年，台灣的治安日漸敗壞，街坊也同時變了容顏。

早年，家家戶戶一大早就敞開門戶，大人小孩隨意在街上走動、交談、嬉戲的溫馨畫面不見了，取而代之的景象是關門閂戶的難堪，尤其大樓公寓豈只門戶緊閉，鄰居之間的互動更令人心寒。

家戶之間、人際關係改變的同時，犯罪率竟也跟著攀升，更令人憂心的是，犯罪年齡下降，尤其時有飛車搶劫騎機車的婦女。飛車行搶時，多兩人一組，一人騎機車，待欺近被害人時，另一人探頭，彎下身子，強行拉走掛在機車座椅下，或把手下方的手提袋。不但財物被搶，還因為車子突然被拉扯，不少女性騎士因極度驚嚇而反應不及，車子滑倒，竟至摔斷骨頭、腦震盪、破相，不一而足。隆美台北分店就有位女店長，遭到飛車搶劫而摔得臉都變形，住院一個多月。因過度驚嚇，被搶的那一段過程，竟然失憶。同事被搶，郭麒麟實有切身之痛。

我們的社會風氣已敗壞到如此田地，非扭轉不可，可是，該當如何切入？如何著力？法雲的夥伴到警察局，到家扶中心實際了解之後，終於探出病灶。原來，涉案的多屬青少年，且多是中輟生，不少來自單親家庭，或低收入戶。這些孩子在學齡階段，放學回家之後，由於家長不在家，沒有人督促，於是「溜溜走」，「溜」個幾回之後，學校很可能再也見不到學生。即便有少數孩子被「強押」回學校，但他們卻成了老師、同學、輔導人員頭痛不已的問題學生，甚至為非作歹。原本長大成人之後，可以做為社會有用的人才，卻因為成長階段沒有得到家庭、學校，及社會的妥善照顧，反而傷害到他人。

有刻意淡化輟學的負面影響者，竟然舉郭麒麟年少的經歷為例子，近似學歷無用論的荒謬主張。郭麒麟只有小學學歷罷了，還沒踏出校門就「進入」社會討生活，進而開創出耀眼的事業。事實上，郭麒麟因為成長的環境及個人謹守本分，並沒有走偏了路，得能為家庭善盡責任，而且自我教育，在社會上學習，在商場中成長，近中年時，有緣接觸佛法，再教育，再提升自己。不但事業有成，且有能力回饋社會。然而，郭麒麟可以勇敢走過辛苦歲月，創造事業，並不代表當今的孩子一定要吃苦，或「吃點苦」就不足為奇，或一定要吃苦，並且期待每一個孩子都可以自我教育，「循序漸進」地「成就自己」，終究不可能如此苛求每一個孩子，甚且「折騰」他們，從最底層的泥土地打滾上來。

既然自己吃過苦，怎忍心看到任何一個小孩重複自己的過去，那麼，大人，尤其那些有能力的人，有責任奉獻心力，為出生背景較差，競爭力較弱的孩子提供資源，營造機會，避免他們一起跑就落後，更因為落後的差距持續拉大，而自卑、放棄，甚至因輟學而走上歧途，成為整個社會的負擔。

讀書、學習一技之長才是求上進，脫貧的利器。愛心和付出，更是呼喚迷途羔羊回頭的良方，否則一旦輟學，不幸走上歧途，之後，社會成本的付出，將千百倍於之前的吝惜教育投資。

「大樹計畫」的主旨在幫助弱勢家庭的孩子，好好長大成人，即便將來不一定成為國家的「棟樑」，至少，品性端正，不傷害他人，好好扮演自己，守本分，盡責任。「大樹計畫」的主要工作在找回這些迷途，或將來可能迷途的羔子，認養他們，讓他們留在學校好好讀書，放學之後，留在法雲的教室，輔導他們的品德養成，避免他們因失學而誤入歧途——一如呵護幼苗長成大樹。就像一些樹木的幼苗，如果因環境的關係，長得歪歪斜斜的，不但妨害其他樹木的生長，甚且經不起大自然的考驗而傾倒、夭折。如果成長過程好生扶正，灌溉、施肥、疏枝，不日之後，茁壯出一棵棵直挺挺的「大樹」。

「大樹計畫」，從森林和大自然，和人之間的關係體驗，移植而來的；也是從「共業」的理念引伸出來的實際作為。從教育孩子著手，著重品格、合群的涵養，為敗壞的社會治本，才可能力挽狂瀾於將倒。

「大樹計畫」協助的對象，以國小三年級到六年級的學生為主，比較長期配合的學校有新南國小和進學國小。學生成為大樹計畫的輔導對象之後的系列「功課」，首先，當然必須適當加強課業輔導，以免因成績落後太多而自暴自棄。不過，如果只是單純的課業輔導，要求學業成績，那和一般課後安親班有何差別？大樹計畫多了幾分「關愛」。學生放學後，來到大樹計畫的教室，不但有茶水，還有點心可以吃。遇到孩子家裡的一些問題，像電話費沒繳，房租沒付，法雲義工實地訪查後，會視狀況協助，盡可能避免讓家裡的不愉快妨害到孩子的生活和學習情緒。

這些弱勢家庭的孩子原本在學校可能比較不守規矩、不開朗、不合群，加上家長長期疏忽，種種因素互為因果之下，更得不到學校老師的必要關懷。顯然在家裡、在學校，在友朋之間，都得不到溫情。因此，大樹計畫偏重的就是讓孩子感受到「溫暖」，達成此一預設的先決條件是，大樹計畫的「愛心媽媽」將這些學生當做自己的小孩，每天的工作才可能順利做下去，大人、小孩之間才能夠好好相處，才可能建立相互之間的誠信，並進一步培養感情。

讓孩子感受到實質的關愛和溫情，知道有人真心關懷他們，最是避免自我放棄，也是走上人生坦途的第一步。

「只要班上有一個類似『大樹計畫』的小孩，那就完了，你們，竟然整班都是。」

有學校主管頗感困惑，大樹計畫的愛心媽媽，到底是怎麼帶孩子的？而且，「不收錢的，比付費的安親班，做得更好。」

有一回，某學校主管早上六點多鐘到學校，巡視校園時，發現大樹計畫的愛心媽媽竟然也在校園裡走動。原來，那天是學校遠足，一大早愛心媽媽就帶著一包包的糖果、餅干來送給孩子。老師感動是一回事，重點是因為愛心媽媽的付出，孩子知道有人關心他們。

葉淑鳳〈進學大樹媽媽〉這樣寫著：

「大約四年前某日的午餐時間，正是我每日到進學國小『大樹計畫』的時候。在警衛室前，看到一對兄妹由中廊走來；問他們什麼事？哥哥說媽媽來看他們。是有一位三十幾歲的女人在等著他們，但是妹妹轉身抱住我，用那又圓又大的眼睛望著我。看一臉稚氣的她，頓時眼眶濕潤，用哽咽的聲音跟她說：『媽媽啊！』在她小小心靈的記憶裡沒有媽媽，真叫人心疼，在心裡我告訴自己，她是我的孩子。」（二〇一三，台南市法雲文教協會第十二屆第二次大會手冊）

法雲的大樹計畫，有好多感人的場景和故事。

每逢過年過節，法雲還會送衣服，或其他禮物給孩子。這些點點滴滴，譜寫出孩子們在平日的家庭生活中比較欠缺，卻是成長階段最需要的關愛和溫暖。

堂堂正正的做人為要，學科成績並不強求，只要求到一定程度。大樹計畫著重的是德育和合群，因此，為孩子安排很多智育以外的活動，包括美勞、花藝、水彩、書法、游泳等等課程，及戶外活動，還有宗教性的，像妙心寺浴佛、聖誕嘉年華會，還有，旅遊烏山頭和遊藝會，參觀畜產試驗所，讓孩子接觸最喜愛的動物等等，內容多彩多姿，這些設計，無非在培養孩子活潑、健全的身心。

愛心媽媽用愛心來「微調」一些稍稍迷惘的心靈，大家抱著一個理念，只要多付出一分心力，多「挽回」一個孩子，就多播種一個「善因」，且將開花結果。如果不嫌市儈，以邊際效益來衡量，好壞、功過，正負之間的利弊得失，何以道里計。透過愛心媽媽春風般的呵護、調教，孩子們的純真和善，乃至發諸內心的笑靨可以充分體會，「大樹計畫」之於家庭、學校，乃至而後的社會，已然結出甜美的果實。

長期關愛下一代之外，因金融海嘯，經濟不景氣影響，法雲關懷社會的觸角，不能不延伸到當下的「棟樑」。

法雲有如此構想，肇因於郭麒麟周邊的案例。有位友人，原本擁有十一億資產，因種種緣由，虧損到剩下兩億元，二〇〇八年，這位朋友竟然想不開。其實甭說兩億，只要兩千萬，甚至只有兩百萬，就可以讓不少人心滿意足地安度晚年。如今，依然擁有兩億資產的「富人」，因失落、惶恐、抑鬱，竟而自殺，這一定不是孤立事件，這個社會可能已病得不輕。

另一個案例，有位朋友的太太，因故罹患憂鬱症，經郭麒麟再三勸導，建議她，何妨「走出來」，比如付出一點心力，到社團幫幫別人家的孩子，或許可以為孩子們做些什麼。這位太太毅然走出來，投入社會服務工作之後，憂鬱症「很自然的」好了。

憂鬱症發作時，「『卡』慘死」，此時除非醫藥控制得宜，否則像投河、上吊、服毒、燒炭自殺等等人倫慘劇的出現，都不意外。由於醫藥只能夠治標，唯有「打開心結」，才可能解除鬱悶。想開，而且經常是在念頭的轉折之間就可能走出幽冥，迎向陽光。由於周遭一再看到憂鬱症的病例，對於當代嚴重的「流行病」，郭麒麟已構思相當時日，計畫在法雲組織一個新部門，邀請心理學、社會工作的專家，或包括「社會博士」加入，一起協助那些為憂鬱症所困的朋友，幫他們盡快拭去內心的陰霾，重新振作起來，勇敢面對人生。

郭麒麟發心幫助罹患憂鬱症走出陰霾的，還要積極落實，不過，長年的社會歷練告訴他凡事不盲動躁進。稍一鑽研，郭麒麟了解，這可涉及生理、心理治療，甚至遺傳的範疇，尤其罹病前期，必須有專業的醫療協助、服藥，才可能舒緩病情，外行人再有心，可能也無濟於事。自己想通了之後，也領悟到，還是有著力的空間。發現周邊的人有憂鬱症的徵兆時，以個人豐富的人生體驗，及宗教的常識，經常和他們「閒談」，敞開他們的襟懷，或能牽動些許心靈的怡悅，多少揮別內心的陰影，逐漸走出幽谷。

因為大樹計畫的實際驗證，以及金融海嘯影響財經乃至對社會層面的諸多體會，郭麒麟對於台灣很多父母親一味的要求孩子追求高學歷的觀念，頗不以為然。高學歷方便謀得比較高薪、「比較輕鬆」的工作，當然也方便在職場更上層樓，不過，金融海嘯一來，率先放「無薪假」，被裁員，到公園「上班」的可也是高學歷的「科技新貴」。

百萬年薪，並不稀罕，隆美就有好幾位。黑手師傅、木工師傅、「泥水」師傅，或家庭理髮、美容，他們的收入，並不輸給一般大學畢業生，隆美就聘有木工師傅，負責維修隆美各分店，每月薪水五萬元。即便經濟再不景氣，一般消費市場冷清許多，不過這些師傅「吃三餐沒問題」，日子還是過得「很安穩」。可見，絕非沒有上大學，沒有進研究所，人生就全然是灰色的。學得一技之長，反而可以抱住鐵飯碗。

一些功課不太好的孩子，國中畢業時，何妨建議他們進職業學校，而且進了職業學校以後不盡然非要考技術學院不可。好好學習一項專長，立足社會，人生也可以是彩色的。

那些聯考總分只有幾十分的學生，為什麼非得擠進大學不可？為什麼不在國中階段就鼓勵他們讀職業學校？

早日解脫功課壓力，高職畢業後進入職場，孩子的身心更健康，父母也提前減輕經濟負擔。否則，在大學胡亂混四年，即便拿到文憑，在職場上，他們可能具備什麼競爭力？更要緊的是，社會上有很多工作，不管拆螺絲、做模具、釘模板、抹水泥，或清水溝，總要有人去做。大學畢業，或擁有碩士學位者去「應徵」比較適合國中、高中畢業生的工作，或根本不需要學歷的職缺，不知誰糟蹋了誰。

4、情牽台南，再造鳳凰城

二〇〇九年春天，郭麒麟在隆美廠房四周廣植鳳凰木小樹苗。

郭麒麟年少的住家，緊鄰府前路，那時，府前路兩旁行道樹是壯碩的鳳凰木，每年一到春夏之交開始盛開鳳凰花，火紅的花朵幾乎布滿樹冠，且染紅了府城的天空，如此意象已然烙印在郭麒麟幼年的心靈。豈只郭麒麟，像參加共產黨而服刑十三年的顏世鴻醫師，小學時從大陸初次返鄉，以及有「台南民主教父」之稱的鄭勝輝醫師，中學時初到台南，都為府城的鳳凰花興奮莫名：

竟然有一個城市的天空是紅的。

內心的驚歎仍不足以發抒鳳凰情愫，竟而一再將壯美的鳳凰意象書寫在他們的著作中。豈只書寫，上個世紀五〇年、六〇年代，知名畫家郭柏川多少「野獸般的府城印象」，也為漫天的火鳳凰停格。

一九六四年，負責延平郡王祠改建工程的成大賀陳詞教授，在《民族英雄鄭成功史蹟修建經過》一書中指出，在延平郡王祠的「空地遍植鳳凰木，盛夏花開，一片火紅，這種景象在台灣只許台南有，旁的地方是無緣得見的。」約略同時，《中華日報》曾經連載長篇小說《鳳凰樹下》。前幾年，雲門舞集的林懷民，曾經將他訪問成功大學時的美感經驗，分享台北新舞台負責人辜懷群教授，建議辜教授趁著花期，南下成大校園，融入鳳凰花海。辜教授感動之餘，不只賞花，還到台南種樹，以傳承、營建美感經驗。還有，李安導演辦完他父親李昇校長的喪事之後，拜訪台南市政府的對外談話，竟然提到難以忘情的火鳳凰。乃至政界知名人士趙少康，青少年在台南成長，讀書，充分領會鳳凰花之美，旅遊京都時，讓他覺得「美得難以形容」的櫻花樹，其高大竟然以鳳凰木來比擬，為京都綿延不絕的櫻花驚歎不已，「樹多就是美，整個京都春天就是櫻花，秋天就是楓紅，搭配古色古香的建築，當然有特色有味道。」（趙少康，二〇〇九。）之所以有如此感觸，或是潛意識裡，年少府城歲月，漫天火鳳凰的一種投射。

不過，「只許台南有」的「鳳凰意象」，約四十年前，隨著「經濟起飛」，行車優先的前提下，路邊的鳳凰木被砍伐殆盡，竟而快速拭去。著名作家許達然的〈家在台南〉無奈的寫著：

「路上看不到鳳凰木椰子樹。樹不犯法，卻依法砍掉。前人種，後人鋸，據說那是發展。」

豈只不捨鳳凰意象被拭去的「集體情愫」，更因為鳳凰意象不再，灰了色調的同時，府城竟也變得不太可親。

為了重塑城市特質，近十多年來，陸續有人號召種植鳳凰木，像一九九六年，「台南市廿一世紀都市發展協會」主導的「鳳凰一千」，重建鳳凰城計畫。施治明市長任內，台南市政府曾經配合「鳳凰一千」，廣泛種植鳳凰木，遺憾的是由於多屬成樹移植，移植之前，成樹被斬首斷足，截斷主根，去掉樹尾，移植後不可能再好好發育，因而栽種十多年之後，一直成長不佳，平白坐失十年機會。樹相不佳，竟有無知者被誤導是「突變種」。還有，像二〇〇六年台南市議會和台北新舞台共同規畫的「樹立心故鄉」活動，慶祝台北新舞台成立九十週年，以及台南運河通航八十週年，辜懷群教授從台北帶了一大批人，專程到台南運河南岸種植兩百棵鳳凰木小樹苗，原本成長良好，不少長高約三公尺的樹木，竟因除草時草率的「環狀切割」，尤其施作步道工程，已多數夭折。

不少公私團體多次重塑鳳凰意象，但好像都不太成功。郭麒麟有心擔負起再造鳳凰城的任務，將他童年時打掉枯枝的鳳凰木「種回去」。期待別人，不如自己開始。第一步，就從自己位在科工區的廠房著手。希望哪天能夠說服哪位台南市長，不要再種小葉欖仁了，因為全台灣，包括台南市，已經栽種太多，太多小葉橄仁，太沒有特色了。建議選擇幾處適當的廣場，以及比較寬闊的道路安全島，多多栽種鳳凰木小樹苗，好好呵護，避免割草時粗魯的「環狀切割」，耐心等個三、五年，一定可以見到初步成果，十年之後，一定可以建構一個「天空是紅色」的城市。

「十年樹木」，只要當下開始，一點也不遲，至多等個十年吧。那時，每年夏天一到，一定滿城盡是鳳凰花。由於花期長達半年，無論花季的擇選，或文化包裝，都不困難。試看，每年初春，不少人到日本觀賞櫻花，或無視路況擁塞，趕著上阿里山、陽明山賞花，「賞人」。愛花、賞花，盛況如此，台南市再多種些鳳凰木，何困難之有？為什麼不能夠耐心好好營造「鳳凰意象」，有朝一日，讓台南「永遠美麗起來」，驕傲地邀請國內外人士到台南府城觀賞鳳凰花。甚至，「像京都一樣，多少人專程飛來看花」，體驗鳳凰花開花落的壯美情境。

盛開的火鳳凰和府城的古蹟相融和，建構鳳凰意象亦打造花園城市，這將是多麼美豔的居家環境，更是引進觀光客、商機的一大誘因。

期待台南市政府，期待府城鄉親，你我一人一棵，一起種下小樹苗，再造城市意象——或也可以是一種可長可久的文化產業。

這是郭麒麟，也是很多老台南卑微的心願。

郭麒麟仍耐心等待著。

郭麒麟期待好好和台南市政府合作，再一次好好扮演領頭羊的角色，再造鳳凰城。（按，府城城區多條道路、廣場，早年遍植鳳凰木，盛夏時漫天火鳳凰，壯美的意象，動人心弦，而有鳳凰城的令名。）

再造鳳凰城的另一項重點工作是「中正商圈再生」。

發跡於中正路，近四十年來，中正路是此生最深沉的積澱，當閉上眼睛，懷想過去，一滴一滴的汗珠，一段又一段的榮光，歷歷在前。遺憾的是，近二十年來，中正路沒落了。不只中正路，包括整個中正商圈，甚至延伸到西門路、民生路、民權路，以至於整個舊城區，都暗淡了。

究其原因：一則因不當的都市規畫使然。「炒地皮」式的市地重劃政策下，大片農地、漁塭、潟湖，填土、重劃，成為建地的同時，也稀釋甚至「廢墟化」舊城區。

政客和開發商透過所謂：經濟、開發、建設、繁榮等等似是而非的堂皇口號惡整，攪得城市「零零落落」。「盲目」開發，導致建地供大於求的景況下，演變成市區到處空屋，近郊到處空地，不少地方幾舉目荒涼的田地。

再則，公部門裡頭一些所謂的「空降部隊」太不了解台南，尤其對台南府城欠缺一份「生命的關懷」，加上都市發展的人文底蘊太膚淺，且汲汲於「近利」，竟而任令舊城區沒落、頹敗。

尤有甚者，橫斷中正商圈西端的「海安路地下街工程」，長八百公尺，寬四十公尺，如此廣大的場域，直接切入商圈的心臟，不但有過開膛剖腹的悽涼畫面，而且一「癱」十五年，工程遲遲未完工，徒然斷喪商圈命脈。

由於海安路地下街工程對於台南市的都市發展、政壇的變化，乃至官箴等等領域影響至巨，加上海安路地下街，曾經是全台蚊子館排行榜多年第一，是值得多著墨：

且從頭訴說前台南市長施治明決定施作地下街的原委：從成功路到保安街之間的「舊」海安路拓寬，屬於「公道六」工程的一部分。按「公道」是公園大道的簡稱，延續日據時期的都市計畫，日人的都市設計，對府城城區舊紋理的拭去「貢獻良多」。由於海安路拓寬的道路用地編在「第一期公共設施保留地」，道路用地徵收之後，有施工的時程壓力。為了讓海安路順利拓寬，乃透過「民粹式」的「陳情」，而衍生出「海安路地下街工程」。工程內容包括商店街和停車場，規畫商店街著眼於容納原來海安路兩旁的店家，以排除「拒絕拆遷」的阻力。著眼於豐富的商機，及工程的「正當性」，還爭取台南市「地下捷運」路線改道海安路，在地下街預留捷運車道，並在康樂市場，即沙卡里巴規畫站區。原來的盤算還包括，以商店街的權利金收入來支付工程款，意即台南市政府不必承擔工程經費——也是一種「BOT」（施工、營運、移轉）的模式，不過後來變更合約，市府攬下工程款，讓廠商「順勢」解套。程序上的挪移，算盤撥得滿順暢的，可是工程的實際發展卻不如人願。聯絡歸仁沙崙高鐵車站的台南市「地下捷運工程」，由於預算高達兩、三百億，而且可能追加，加上完工營運之後，很可能赤字連連，遑論工程款的回收，因而台南捷運計畫的時程只有「無限期延後」，何況「既定的」捷運路線是「可爭取」，也是「可變更」，因此可以預見的將來，即便考慮採行BOT模式，但除非給廠商「非常優厚」的，例如土地開發的誘因，否則台南市的地下捷運不太可能行得通。不過，一涉及BOT「優厚誘因」的敏感話頭，難免疑雲罩頂，「一般的」廠商更不敢碰。

地下街原來的工程決策過程，或許太執著於「工程本身的利益」，以至於招惹塵埃；或是未具備一定歷史地理的人文素養，輕忽地下街基地是古「台江內海」的海埔新生地，明鄭時期這一帶是一片汪洋，日據時期仍多一畦畦沼澤，像「大菜市」西南出口，隆美發跡地，上個世紀初的老照片，仍有一彎淺溏，依舊「台江潟湖」景觀。當地的海拔近於海平面，有些地方甚至在海平面以下，掘地一台尺光景就有地下水湧出。沿線，清末仍有多條古航道——五條港通過。那裡也接近台南市城區自東而下的地下水的西端，地下水位受運河潮汐影響。海安路沿線，地下水文之複雜，不難想像。竟然在如此「敏感工地」執行大地工程。

當海安路地下街「動土」之後——好似喚醒沉睡百年的台江。當台江波瀾再起，所呈現的景況是，嚴重的工安事件不斷。尤其大地深開挖後，連續壁坍塌連連，鄰地下陷，民房龜裂、倒塌，令人聳然的畫面一幕幕出現。場景轉換之間，風波不斷，同時激起漫天民怨。之後，和海安路地下街直接、間接，甚至不太相關的貪瀆官司竟接續引爆。工安、司法的紛擾，及決策的翻來覆去，工程當然不可能順利進行。（參考吳昭明《告府城同胞書》）

施治明可能因為人文素養的盲點，無論思維的深度和廣度不太可能預見海安路拓寬、開挖後的可能演變，或太執著於開發建設的利益，遂貿然決策，踏出錯誤的第一步。

接手的張燦鍙市長，限於經費無繼，「體檢工程」、躊躇再三之後，「不得不」繼續執行，因而縱逝地下街走回頭路的關鍵時機。很多支持他的選民原來期盼的工程中止、部分連續壁打掉、回填等等，都不再可能，因而對他難免有「錯上加錯」的論斷，而且，海安路地下街工程對於台南市城區的興衰，對於張燦鍙不無可能因而關係到之後的司法案件，尤其他最擅長的「涉外工作」因而中止，於公於私都難免遺憾。之後的兩屆市長，地下街工程，還是晾著。還有市長因為涉及地下街工程舞弊案，涉嫌圖利廠商兩億六千萬元，被台南地檢署具體求刑十二年——即便後來無罪定讞，終究對台南市的傷害已然造成。

由於地下街工程，以及主政者接續令人莫名所以的作為，導致台南市民可能要繳交五十億元學費——地下街研議階段，王明蘅教授一語成讖。台南市民無論老少、貧富，平均每人必須負擔近六千六百元。

而今，綿延約六公頃樓地板面積的龐大地下空間，多數在「養蚊子」。路面，仍多大型停車空間。兩側不少待處理的畸零地，及唐突的餐飲營業空間，甚至市府出租部分人行步道予業者，在在是執行地下街後續工作的一個棘手問題。

二〇一〇年前後，海安路路面突然出現近二十座，兩、三樓層高，形同「巨碑」的所謂地下街「通風口」。道路聳立如此規模的豐碑，可能是舉世僅見的「偉構」。原本估計，花個四千萬，變更通風設備，即可免除這些「無言的碑紀」，然而主政者的識見終究不同。

郭麒麟痛批：「最難看的道路」、「道路幾無功能可言」。

既然幾無道路功能，何不改為青少年活動場域？

真的無力可回天？

蝸蝸獨行中正路上，郭麒麟頗困惑。

當回歸中正商圈的景況，即便中正路一帶的地段再好，商業機能再豐富，再完整，街區的生命力再堅韌，怎堪近二十年折騰。

不當決策，善後無方，遺禍市民，談國家賠償，又有何意義？

海安路拓寬，地下街深開挖之後，中正路上的人潮已大幅消退，街燈也跟著暗淡。行走中正商圈一帶，隨處可見緊閉的鐵門上張貼「租」、「售」，以及「電話號碼」的紅紙條。不少紅紙竟已褪了顏色，隨風翻揚。鐵門上大大小小的紙條，即便一貼再貼，掀起、飛揚，但是，風，終究掀不開沉重的鐵門。

年來的新聞炒作，炒熱海安路、中正路一帶街區的聲名。名聲引進人氣，人氣帶來商機。終究是台南市機能最完整，蓄積最豐富的商圈，中正路一帶人潮漸多，亦溫熱郭麒麟期盼的心。

欣喜中正路商機漸濃，然而台江竟波瀾再興。

中正路尾原本有運河船渠，是府城人印象中運河的起點，也是台南城區的「海洋意象」，當走到中正路尾，氣勢開闊非常——海到了，但八〇年代初葉，運河盲段竟然填土，興建「中國城」，前市長蘇南成強勢作為下結出來的「果」，打從二〇〇一年以來，台南市政府一直嚷嚷要拆除，要將中國城「搬遷」到運河對岸，而且曾經有過一、兩年之內，即二〇〇三年以前就要畢其功的「豪語」。即便有「飛象過河」的通天本領，不過，對岸台南運河轉折處，形同「裡地」的基地，坊間通稱「舊造船廠」，或新命名的「運河星鑽」，早已被樓房包圍，如果硬要開發，對外的交通動線，不知如何妥善規畫？嚷嚷八年，嘴巴說說倒很容易，可是，中國城不但依舊屹立在那，且攪和得很多業主動彈不得，不但房子賣不出去，想要做其他重大改變也頗有顧慮，當然也不敢再投下資本，擔心哪一天真要拆房子。

這一嚷嚷，換來的竟是長年觀望，持續「閒置」。

二〇〇八年到〇九年間，又傳說中國城及對岸的基地開發案已經定案，即將「徵收」中國城，至於「裡地」對外的聯絡交通，計畫興建兩座橋梁，連通中正路附近和臨安路。還有，九二一大地震之後，花費幾億預算，不少新建校舍的新南國小和金城國中，計畫西遷到一公里以外的地方。重新建校，包括學產用地及新建校舍工程，每間學校耗費應在十億之譜。龐大的建校經費之外，難道無視學生的通學問題？

如此「都市計畫」，還包括兩座耗費三、四億預算的橋梁，加加減減之後，不知全體台南市民可以獲利多少？

此一計畫執到二〇一三年，兩座橋已建，暫時只供行人通行，車道封著。如此橋梁可有一美麗的名稱——景觀橋。一公里外的兩所新學校，也已動工。

台南市的「運河星鑽」，或「運河」的「星鑽」？或「運河裡的星鑽」？對於中正商圈，乃至整個城市的發展又將帶來什麼好處？

可能再度「稀釋」舊城區？

可能又是長年漫生長草的高價空地？

如此牽扯複雜的議題，又將如何演變？可能衍生出什麼「枝節」？

既然已開始執行，且拭目以待。

內心忐忑，彳亍在中正路——此生最熟悉的街道，迎面而來的，時而是寂冷、陌生的重擊，郭麒麟被如此疏離感震撼得憂心莫名。長年投入社會運動，關懷大眾公益的因子持續在心裡鼓盪著。

對於逃學、中輟的小樹苗，都不忍放棄了，何況已經樹幹挺拔，枝葉蓊鬱的中正商圈，豈可任令大樹折斷、傾倒，壓到路人，壓垮店家，傷害台南府城。

舊城區，是城市的表徵，先進國家沒有不呵護再三的。相對之下，此地，是讓稍有歷史感、文化認知者汗顏不已。尤有甚者，中正商圈都已經衰微了才談再造，而且長期以來的景況竟然是由於「政府不用心」，甚至是「用錯心」

造成的。這幾年來，「不知建議多少次」，但建議「有什麼用」。或是相關主管不甚了了「舊城區的意義」，或是對這個地方沒有絲毫情感，不懂文化底蘊為何物，更不了解蓄積的動能，竟而不太用心在舊城區，於是，說說聽聽罷了。郭麒麟對於中正商圈的情愫和感受，與官僚體系的看待迥然不同，延伸出來的決心和作為，難免「背道而馳」。

郭麒麟一直認為，中正商圈再生，是他無可推諉的使命。

中正商圈商業機能完整，吃喝玩樂甚至嫖賭，樣樣俱全，已「結市」一甲子以上。商圈的商機再生，需要的是主持企畫者的「用心」和「決心」，以喚起商家的信心。公私部門交相配合下，才可能復甦，而且復甦不難。

中正商圈一帶，既沒有學校、大型醫院，也沒有稍具規模的政府機關，附近的幾條街道都不是交通幹道，因此，西門路到康樂街的中正路段，有很充分的理由可以打造為「徒步區」。徒步區的構想，並不是什麼了不起的創見，近幾年來，不知有多少人曾經講過多少遍，但講歸講，車子還是照樣來來往往。終究車輛不是城市的主人，人才是「城市的主人」。部分時間、地段，限制車輛通行，將路面還給行人是天經地義的事。好好營造一個屬於人的空間，不僅方便逛街，凝聚人潮，同時招引商機。事理至明，談了那麼多年，為什麼不好生規畫？為什麼不能立即執行？

中正商圈再造，郭麒麟的初步構想是：

中正路寬二十公尺，如規畫為徒步區，並不需要如此寬的路幅，因此，可引進經常性的文化活動，及遴選具府城風味的小吃攤，擺設在道路中央，方便吸引人潮，和商店街可以相互獲利。之所以強調徒步區，乃因行走在徒步區，可隨興購物，也可享受散步的情趣，全然不同於逛百貨公司的調性和空間感。何況，中正路的商業機能已相當完整，也沒有足夠的基地可以容納大型百貨公司。

除了徒步區，何妨研議在中正商圈選擇一適當地段，興建「地上街」。不但增加賣場、表演空間，也為「地上街」兩邊的商家帶來可觀的利益。

當中正路這一段精華區熱鬧起來之後，熱能將輻射到整個商圈，甚至擴散及於中正路東段、西門路、民生路等鄰近街區。

至於海安路地下街，曾經有過令人驚豔的「逆向思考」，地上、地下翻轉，車子走地下，路面還給行人。此一天才型的創見，在主政者眼中可能只是「痴人說夢」罷了，且已是明日黃花。

郭麒麟認為，在海安路應規畫屬於年輕人氣息的造型及聲光設施，和中正路徒步區串連，兩個區塊的人氣緊密結合，更是一大利多。這些人潮甚至可以從海安路延續到民族路，乃至民族路東端的幾家大型百貨公司，從線而面，進而恢復三十年前的榮景。

至於街道景觀的一些細節，像店家「招牌」的規畫，郭麒麟的構想和一些學者專家要求的「制式」模樣，或標兵式的造型迥然不同。郭麒麟認為，學者專家不是生意人，不一定了解商場的需求，或客人心理。吸引客人的是大大小小，五花八門的樣式，最好再搭配五光十色的霓虹燈，這才是鬧區的景致。「汙名化」招牌者，何不看看路燈、交通號誌的電桿上，已經可以「合法」張掛廣告布條，然則，只要不影響公共安全，相關自治法規容許，為什麼店家不能夠自由發揮創意，好吸引更多客人？

中正商圈再造，構思竟已近二十年，不少人也提供很多點子，且看郭麒麟再次攻頂成功，大家好再一次為他喝彩。

且看鳳凰浴火重生。

參

傳承與期許

童蒙時，放學後的流動攤販，甫「成人」，行走南台灣的「布販仔」，因為努力和膽識，昂然立足中正路，從而建立十一家直營布莊的布匹零售業王國，乃至百家窗簾直營連鎖店，新近，在台南科技工區設廠房。如此事蹟，直是白手起家，天助自助的典範。

盱衡當前隆美的格局，郭麒麟謙虛地說，不足以說嘴，這可是「夢」？何況，不是光憑他個人的力量能就夠做到，他只不過「出一張嘴巴」、「出頭殼」罷了，因而對家人、對員工、對社會充滿「感恩」。

有「夢」、有「理想」、「出頭殼」，在在點出郭麒麟成功的關鍵。「出頭殼」，即動腦筋，思考、構想、企畫是也。

郭麒麟因為「人生有夢」，為了圓夢而長期認真「思考」，進而悟出「知大體」的真諦。因隨時保持敏銳的觀察力，體察潮流的走勢，得能凝聚出「勇於改變」的膽識，既準確拿捏出手的時機，且一次又一次在商場，在公益事業創造巔峰。

回首來時路，築夢少年竟已走過一甲子，但不改初衷，依然「希望相隨」。當這個希望實現之後，很快的，心裡又浮現另一個希望。希望不斷湧現，如何落實，還得要有好規畫，也要有信心，勇於執行，加上睿智的判斷，敏銳的洞察力，適時調整步履，一定的韌性和堅持，才可能具象希望，實現理想。

當盤算下一步怎麼踏出去？將來，可能做些什麼不一樣的？

用心、思考，進而構思實現理想的策略，竟然是郭麒麟的嗜好，難怪隆美不斷改進、轉型、蛻變，且一直走在業界的先端。無論連鎖布店，或百家窗簾直營店，都是台灣商業史上嶄新的經營型態，不少同業只有跟著隆美的節奏調整步伐。

正因為配合潮流，不斷審度，蓄勢待發，因而一旦時機成熟即斷然改變，轉進。乘著潮流的勢頭向前進，不但免於被時代淘汰，恰也是從小攤販提升到布莊，接著轉向到窗簾連鎖店，昂揚商場的緣由。

不拘泥於當下，在變化、挺進的前提下，不日之後，「筋骨柔軟」的郭麒麟，還會繼續「習慣性的」扭一下腰，轉個身，穩當地邁出另一步。

由於融入時代的脈動，而且有本事將當代的韻律和事業的革新妥善結合，得能攻上一座又一座峰頂。商場上，如果一味守成，聽天由命，不知妥善預設未來，很可能淹沒在社會的大洪流中，像早年散布在大街小巷的雜貨店，當時，誰能夠料到，竟然有被淘汰的一天。像布業這一行，台南市曾經是台灣的重鎮，無論生產，乃至大盤、中盤、零售，可無限風光。還有成衣加工，大大小小相關工廠，台南城區一帶原本有數百家之多，而今安在？

顯然，商場上，成功、失敗的關鍵並非僅止於勤快、認真、「打拚」；判別成功與否的分歧在希望、思考、計畫，乃至落實。

並非郭麒麟自己不勤快、不認真「打拚」，而以遁辭來掩飾，其實，因為郭麒麟「知大體」，知道他不可能和員工一樣勞累。他得思考，負責規畫「願景」之外，更要有本事，好好「出一張嘴」，掌穩舵，指揮若定，引領公司閃過橫逆，走向坦途，好生實現他的企畫，贏得亮麗的業績——這才是真正的善盡職責。

更難能可貴的是，因為懷抱「感恩」的心，三十出頭，事業稍稍穩固就投入社會工作，從宗教、慈善的領域，發展到關懷社會、生態，再回向到人與社會。所呈現者，像培育弱勢家庭的幼苗，以及批判賄選的醜陋，淨化選風，鼓動當代公義的風潮，在在都是耀眼的事功，其貢獻，不下於商場上的成就。

隆美、還有法雲的大樹、中正商圈，乃至整個府城城區的再造，郭麒麟都懷抱新計畫，新藍圖。對於大樹計畫，及再造鳳凰城種種，與其看郭麒麟的「個人秀」，台南人何妨加入，和他「齊唱」或共組「合唱團」，為府城重新渲染璀璨的天空，更為台南舊城譜唱嶄新的樂章。

在友朋中，看多了兩代無法順利交棒的例子。二〇〇七年，郭麒麟的兒子郭俊鵬接任隆美總經理後，郭麒麟強調，他可是大膽放手，除了財務的控管，其餘完全交棒，由郭俊鵬全面接手。

郭俊鵬，一九八〇年生，接班人還是從基層幹起，先學窗簾安裝，接著店員、店長、區經理，歷練過各個環節之後，二〇〇七年擔任總經理。

郭麒麟肯定接班人的創意和沉穩。

便利洗就是郭俊鵬的創見，隆美計畫在二〇一四年大力推廣「窗簾便利洗」。放眼對岸的市場不能不心動，郭麒麟更有強烈的企圖心到大陸發展，但兒子卻相對保守，希望台灣好好穩固後再研議西進。除了沉穩不冒進，亦可見觀照周全，綜理公司已然上手。

郭麒麟既已放心交棒，對於進入職場，有心在商場發揮，尤其「自己創業」的新人，更充滿期許：

決定「創業」之前，請在創業、就業之間，好生再思索，好好衡量自己，了解自己的性向乃至能力，何況，並非每個人都適合創業，並非大家都要有創業的「雄心大志」，創業不一定是人生最好的選擇，更不是唯一的道路，而且創業的路途可能崎嶇不平，經常橫逆當頭，決定創業之前可要想清楚。大部分人可能比較適合就業，就業也可以揮灑出一片璀璨的天空，即便是「螺絲釘」，也是不可或缺。試看，一顆「螺絲釘」鬆脫了很可能影響到整個環節，這也和郭麒麟一再強調的職業沒有貴賤，及多年來推動「大樹計畫」同一理路。終究扮演好自己才最緊要。

郭麒麟還建議年輕人，好好鍛鍊身體。以他本人為例，近二十多年來，每天勤練瑜珈，柔軟筋骨，放鬆身心，讓氣血順暢，因而不但天天好眠，也從來不知道筋骨酸痛是啥滋味，且長年穿著短袖襯衫。有年冬天，到南部橫貫公路寶來爬山時，還跳進溪谷中浸泡冷水呢。

長年運動，除了強身，郭麒麟還從中體會到瑜珈講求柔軟、不僵硬的功夫，恰是商場上求變、尋找活路的好門道。從單純的肢體運動，及於身、心，既而串連、驗證在商場上的存活、突破瓶頸的功夫，其中渾然而成的銜接和轉折等等上乘功夫，或許多少要具備一番心智上的修為才可能參悟。

強健的體魄，更要有一定的心智素養相適合，顯然還必須有持續的求知慾。有求知慾，才可能知不足，才可能謙卑、虛心，也才能夠切實體認，必須充實自己，進而維持廣泛閱讀的習慣。閱讀的內容，像傑出企業家的經驗，及國內外新聞、雜誌、評論等等，每天一有空就翻閱，長年下來，才可能和世界潮流同步，才不會淪於坐井觀天，夜郎自大。閱讀之後，還要咀嚼、消化、吸收，融化為自己為人處事的「利器」。

閱讀以開闊心胸、恢宏視野、寬大格局——切忌目光如豆，守成可能被淘汰。

參加社團是體會人生各種面向，學習社會禮儀，開拓人際關係的捷徑。因為參加社團，郭麒麟才逐漸改變內向的個性，去除自卑的陰影，並建立職業無貴賤的信念。早年看到有錢人，和教授，教師共事，因自卑而逃避，不敢講話，但透過自省的功夫、人生觀的改變之後，處世心態業已不同。曾經幾次和前總統聚餐，宴席中的賓客，可能郭麒麟最自在，最能夠侃侃而談。當總統的和做生意的，都是職業，都是「工作」，只要善盡本分，大家都平等。因此，早年擺路邊攤時結交的朋友，而今依然平等，大家還是朋友，還是繼續交往。

職業無貴賤的心理建設鞏固之後，更要有吃得苦中苦的心理準備。郭麒麟開創事業，在泥土中打滾，站起來的過程就是一本最好的教科書，值得年輕人參考。

郭麒麟也鼓勵年人勇敢嘗試，評估妥當，做好準備後就勇敢嘗試，勇敢嘗試才可能成功。如果不敢嘗試，甚至膠柱鼓瑟，然則，即便鴻運當頭，大好機會都可能縱逝。滿足現狀，不但不可能進步，甚至遲早會被淘汰。

一旦投入商場，具有強烈的企圖心，經營出自己特色的同時，不要忘了，隨時站在客人立場，設想客人的需求，好配合改變自己——總歸離不開思考、求變的法門。

路，走錯了，立即停下來，掉頭就是了，沒什麼好擔心。

走錯路，回頭，不是丟臉的事。

開啟另一扇門，又是一片藍天；重新開始，又是一條坦途。

郭麒麟，就是這樣走過來的。

您，何妨試試。

ICON 人物叢書　BP1046

用心・求變：從小攤販到百家直營連鎖店，隆美窗簾董事長郭麒麟的經營傳奇

作　　者／吳昭明、黃越宏
企畫選書／陳美靜
責任編輯／吳瑞淑
版　　權／黃淑敏、翁靜如
行銷業務／周佑潔、張倚禎

總 編 輯／陳美靜
總 經 理／彭之婉
發 行 人／何飛鵬
法律顧問／台英國際商務法律事務所 羅明通律師
出　　版／商周出版
臺北市 104 民生東路二段 141 號 9 樓
電話：(02) 2500-7008　傳真：(02) 2500-7759
E-mail: bwp.service @ cite.com.tw
發　　行／英屬蓋曼群島商家庭傳媒股份有限公司　城邦分公司
臺北市 104 民生東路二段 141 號 2 樓
讀者服務專線：0800-020-299　24 小時傳真服務：(02) 2517-0999
讀者服務信箱 E-mail: cs@cite.com.tw
劃撥帳號：19833503　戶名：英屬蓋曼群島商家庭傳媒股份有限公司城邦分公司
訂購服務／書虫股份有限公司客服專線：(02) 2500-7718；2500-7719
服務時間：週一至週五上午 09:30-12:00；下午 13:30-17:00
24 小時傳真專線：(02) 2500-1990；2500-1991
劃撥帳號：19863813　戶名：書虫股份有限公司
E-mail: service@readingclub.com.tw
香港發行所／城邦（香港）出版集團有限公司
香港灣仔駱克道 193 號東超商業中心 1 樓
E-mail: hkcite@biznetvigator.com
電話：(852) 25086231　傳真：(852) 25789337
馬新發行所／城邦（馬新）出版集團
Cite (M) Sdn. Bhd. (45837ZU)
11, Jalan 30D/146, Desa Tasik, Sungai Besi, 57000 Kuala Lumpur, Malaysia.
電話：(603) 9056-3833　傳真：(603) 9056-2833　E-mail: citekl@cite.com.tw

封面、內頁設計／張瑜卿　內文排版／林婕瀅
印　　刷／鴻霖印刷傳媒股份有限公司
總 經 銷／高見文化行銷股份有限公司　新北市樹林區佳園路二段 70-1 號
電話：(02)2668-9005　傳真：(02)2668-9790　客服專線：0800-055-365
行政院新聞局北市業字第 913 號

■ 2014 年 1 月 24 日初版 1 刷　Printed in Taiwan

國家圖書館出版品預行編目資料

用心・求變：從小攤販到百家直營連鎖店，隆美窗簾董事長郭麒麟的經營傳奇／吳昭明、黃越宏作．
-- 初版．-- 臺北市：商周出版：城邦文化發行，2014.01
面；　公分．(ICON 人物叢書；BP1046)

ISBN 978-986-272-526-9(平裝)

1. 郭麒麟 2. 企業家 3. 台灣傳記 4. 企業經營

490.9933　102027657

ISBN　978-986-272-526-9

廣	告	回	函

北區郵政管理登記證
台北廣字第000791號
郵資已付，免貼郵票

104 台北市民生東路二段 141 號 2 樓

英屬蓋曼群島商家庭傳媒股份有限公司

城邦分公司　收

請沿虛線對摺，謝謝！

書號：BP1046　　**書名：**用心．求變　　**編碼：**

請於此處用膠水黏貼

商周出版

讀者回函卡

感謝您購買我們出版的書籍！請費心填寫此回函卡，我們將不定期寄上城邦集團最新的出版訊息。

不定期好禮相贈！
立即加入：商周出版
Facebook 粉絲團

姓名：＿＿＿＿＿＿＿＿＿＿＿＿＿＿ 性別：□男 □女

生日：西元＿＿＿＿＿年＿＿＿＿＿月＿＿＿＿＿日

地址：＿＿＿＿＿＿＿＿＿＿＿＿＿＿＿＿＿＿＿＿

聯絡電話：＿＿＿＿＿＿＿＿＿ 傳真：＿＿＿＿＿＿＿＿＿

E-mail ：

學歷：□ 1. 小學 □ 2. 國中 □ 3. 高中 □ 4. 大學 □ 5. 研究所以上

職業：□ 1. 學生 □ 2. 軍公教 □ 3. 服務 □ 4. 金融 □ 5. 製造 □ 6. 資訊
□ 7. 傳播 □ 8. 自由業 □ 9. 農漁牧 □ 10. 家管 □ 11. 退休
□ 12. 其他＿＿＿＿＿＿＿＿＿＿＿＿＿＿

您從何種方式得知本書消息？

□ 1. 書店 □ 2. 網路 □ 3. 報紙 □ 4. 雜誌 □ 5. 廣播 □ 6. 電視
□ 7. 親友推薦 □ 8. 其他＿＿＿＿＿＿＿＿＿＿

您通常以何種方式購書？

□ 1. 書店 □ 2. 網路 □ 3. 傳真訂購 □ 4. 郵局劃撥 □ 5. 其他＿＿＿＿

您喜歡閱讀那些類別的書籍？

□ 1. 財經商業 □ 2. 自然科學 □ 3. 歷史 □ 4. 法律 □ 5. 文學
□ 6. 休閒旅遊 □ 7. 小說 □ 8. 人物傳記 □ 9. 生活、勵志 □ 10. 其他

對我們的建議：＿＿＿＿＿＿＿＿＿＿＿＿＿＿＿＿＿＿＿＿

＿＿＿＿＿＿＿＿＿＿＿＿＿＿＿＿＿＿＿＿

＿＿＿＿＿＿＿＿＿＿＿＿＿＿＿＿＿＿＿＿

【為提供訂購、行銷、客戶管理或其他合於營業登記項目或章程所定業務之目的，城邦出版人集團（即英屬蓋曼群島商家庭傳媒（股）公司城邦分公司、城邦文化事業（股）公司），於本集團之營運期間及地區內，將以電郵、傳真、電話、簡訊、郵寄或其他公告方式利用您提供之資料（資料類別：C001、C002、C003、C011 等）。利用對象除本集團外，亦可能包括相關服務的協力機構。如您有依個資法第三條或其他需服務之處，得致電本公司客服中心電話 02-25007718 請求協助。相關資料如為非必要項目，不提供亦不影響您的權益。】

1.C001 辨識個人者：如消費者之姓名、地址、電話、電子郵件等資訊。
2.C002 辨識財務者：如信用卡或轉帳帳戶資訊。
3.C003 政府資料中之辨識者：如身分證字號或護照號碼（外國人）。
4.C011 個人描述：如性別、國籍、出生年月日。

請於此處用膠水黏貼